# 沿岸域工学の基礎

小林 昭男 著

技報堂出版

書籍のコピー，スキャン，デジタル化等による複製は，
著作権法上での例外を除き禁じられています。

# はじめに

　沿岸域は海と陸が交わる空間であり，私たちにとって貴重な活動空間である。古来より海辺は漁猟や舟運のベースとして利用し，丘陵と海の間の平地は生活の場として利用されてきた。この空間は，産業の発達とともに利用規模が大きくなり，大規模工場や大量の工業材料や工業製品を輸送する港湾が建設され，工業都市が形成された。また，漁業機械の発達により水産業も大規模化し，漁港も大型化した。

　このような発展により生活は豊かになったが，そのために自然の海岸は減少してきた。砂浜もその一つである。砂浜の侵食による海水浴場の閉鎖が社会問題として取り上げられている。このこととレジャーの傾向の変化があいまって海水浴客数も減少しているが，サーフィン人口の増加もあり，海岸を楽しむ傾向は高い。

　一方で，沿岸域は海の猛威にさらされる厳しい自然条件の場でもある。台風時の高潮や地震による津波から人々の生命と財産を守る必要があり，そのために，海岸ごとに防護水準が定められ，護岸や防波堤が整備されている。

　このように沿岸は海を利用する空間であり，海の猛威を防ぐ境界領域であるとともに，心を和ませ豊かにしてくれる美しい空間でもある。この美しい海岸を私たちは後世の人々に継承する義務がある。そのためには，海岸で生じる現象を知り，適切な防護・安全・利用のバランスに配慮する必要がある。そのための学問分野が海岸工学であり，沿岸域工学である。

　本書は，読者に沿岸工学の基礎的な事項を理解していただく入門書である。したがって，高度な内容は参考文献に委ねている。参考文献は参照しやすいように各ページ下段に記載した。本書が美しい海岸を後世に残す一助となれば幸甚である。

　末筆で恐縮ではあるが，本書の出版にご尽力いただいた方々に，感謝の意を表する。


2018 年 12 月

著者しるす

# 目　　次

## 1　沿岸域と海岸 —————————————————— 1

1.1　沿岸域 ………………………………………………………… 1
1.2　海岸法 ………………………………………………………… 2
1.3　人間から見た海岸 …………………………………………… 3
1.4　生物からみた海岸 …………………………………………… 4
1.5　気候変動と海岸 ……………………………………………… 5
1.6　人間活動と海岸 ……………………………………………… 7
復習問題 …………………………………………………………… 8

## 2　波の基本的な性質 ————————————————— 9

2.1　海の波 ………………………………………………………… 9
2.2　波の性質を表す基本式 ……………………………………… 10
2.3　分散関係式と双曲線関数 …………………………………… 12
2.4　水深波長比による波の分類 ………………………………… 12
2.5　波の周期による分類 ………………………………………… 16
復習問題 …………………………………………………………… 17

## 3　長周期の波 ————————————————————— 19

3.1　潮汐と潮位 …………………………………………………… 19
3.2　高　潮 ………………………………………………………… 22
3.3　津　波 ………………………………………………………… 23
3.4　湾や港の副振動 ……………………………………………… 26
復習問題 …………………………………………………………… 27

## 4　波　浪 ——————————————————————— 29

4.1　風波の発生と発達 …………………………………………… 29
4.2　うねりの伝搬 ………………………………………………… 31
4.3　波浪の統計的性質 …………………………………………… 32
4.4　確率密度関数と代表波 ……………………………………… 33

v

|  |  |  |
|---|---|---|
| 4.5 | 波浪のスペクトル | 35 |
| 4.6 | 波浪のスペクトルの標準形 | 37 |
| 4.7 | 高波との遭遇確率 | 37 |
| | 復習問題 | 41 |

## 5 海岸付近の波の変形 —————————————43

|  |  |  |
|---|---|---|
| 5.1 | 波の屈折 | 43 |
| 5.2 | 波の回折 | 45 |
| 5.3 | 換算沖波 | 47 |
| 5.4 | 波の浅水変形 | 47 |
| 5.5 | 砕　波 | 49 |
| 5.6 | 波浪変形の数値計算モデル | 50 |
| | 復習問題 | 51 |

## 6 構造物と波の相互作用 —————————————53

|  |  |  |
|---|---|---|
| 6.1 | 波の打上げ | 53 |
| 6.2 | 越　波 | 55 |
| 6.3 | 波の反射と伝達 | 55 |
| 6.4 | 静水圧と波力 | 57 |
| 6.5 | 構造物に作用する波力 | 57 |
| | 復習問題 | 62 |

## 7 海岸地形と表層地質の分類 —————————————65

|  |  |  |
|---|---|---|
| 7.1 | 海岸地形の分類 | 65 |
| 7.2 | 地質年代スケールの形成過程による分類 | 65 |
| 7.3 | 海岸の構成材料と地形 | 69 |
| | 復習問題 | 71 |

## 8 漂砂と海岸地形 —————————————73

|  |  |  |
|---|---|---|
| 8.1 | 漂　砂 | 73 |
| 8.2 | 海岸の縦断地形 | 75 |
| 8.3 | 海岸の平面地形 | 79 |
| 8.4 | 海浜地形変化の予測モデル | 82 |
| | 復習問題 | 84 |

## 9 沿岸の利用と海浜地形 ——————————————87

9.1 海岸侵食 ……………………………………………………………… 87

9.2 海岸侵食の要因 ……………………………………………………… 90

9.3 気候変動と海岸侵食 ………………………………………………… 94

復習問題 ………………………………………………………………… 94

## 10 海岸保全施設 ——————————————————97

10.1 海岸保全施設の種類と機能 ………………………………………… 97

10.2 海岸保全施設の防護水準 …………………………………………… 100

10.3 海岸侵食の対策 ……………………………………………………… 101

復習問題 ………………………………………………………………… 106

索　引 …………………………………………………………………… 107

# 1　沿岸域と海岸

## Key words

沿岸域　環境倫理の３つの主張　沿岸域総合管理　海岸　海岸法　海岸保全基本方針

海岸保全基本計画　海岸保全施設　日本の海岸線の長さ　海岸線

基線　遡上帯　潮間帯　潮下帯　気候変動に関する政府間パネル（IPCC）

## 1.1　沿　岸　域

　わが国の国土面積は約 38 万 km$^2$ であり，沿岸陸域の面積はその 30% 程度であるが，そこに人口のほぼ 50% が活動している [1]。この沿岸陸域に接する**海岸線の長さ**は約 3.5 万 km であり，赤道周長 4 万 km にほぼ匹敵する。沿岸海域の領海面積は約 43 万 km$^2$，排他的経済水域は延長大陸棚を含めて約 423 万 km$^2$ であり，国土面積のほぼ 12 倍である。

　**沿岸域**とは，「河海または湖沼に沿った陸地あるいは河海または湖沼の陸地に沿った部分」（広辞苑第 7 版）である。これをさらに明確に示しているのが日本沿岸域学会 [2] の定義であり，「沿岸域は水深の浅い海とそれに接続する陸を含んだ海岸線に沿って延びる細長い空間であり，国民全体の共有財産であるので，その利用にあたっては個々の利用によって持続的利用が損なわれてはならず，沿岸域の総合的な管理が必要である」としている。この考えは沿岸域の利用にかかわる環境倫理においても非常に重要であり，**環境倫理の３つの主張**（自然の生存権，世代間倫理，地球有限主義）の沿岸域における主張ともとらえられる。

　日本沿岸域学会で提唱されている**沿岸域総合管理**の範囲は，**図–1.1** のとおりであり，管理にかかわる学問は，社会科学，地政学，地理学，都市計画学，海岸工学，海洋工学などの広範囲にわたる。この沿岸域では，古くから産業を核とした都市が現在に引き継がれ，さらに大規模な埋立てによる新たな空間が形成されてきた。**図–1.1** の基本エリアの陸域部分が冒頭に述べた沿岸陸域に相当し，国土面積のわずか 30% ではあるが，総人口のほぼ 50% の人々の生活空間となっており，道路や港湾などの社会資本が充実した工業・商業空間でもある。

　この沿岸域において海岸は，「海と陸の相接する地帯」（広辞苑）であり，海からの猛威にさらされる危険があることから，人命と財産を守るために，堤防などの防災施設が海岸線に沿って建設さ

---

1)　笹川記念財団海洋政策研究所編：沿岸域総合管理入門，2・1 日本の沿岸域の社会的特性，來生新，p.64，東海大学出版部，2016

2)　日本沿岸域学会 2000 年アピール委員会：日本沿岸域学会・2000 年アピール－沿岸域の持続的な利用と環境保全のための提言－，日本沿岸域学会，2000 年

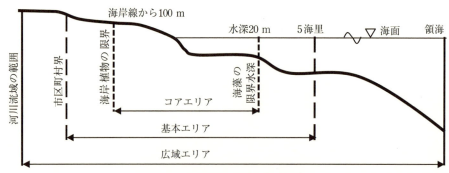

**図-1.1 沿岸域総合管理の対象範囲**

れる。また，豊かな自然を残すために，適切な利用と環境保全の努力もなされている。海岸の岸沖方向のおよその**範囲**としては，朔望平均干潮面から沖側へ50 mと朔望平均満潮面から陸側へ50 mの間という比較的狭い範囲を指すことがあるが，その一方で，海岸を研究する学問の海岸工学では，海岸に影響を及ぼす諸事象を対象とするので，**図-1.1**に示したコアエリアの海域の範囲を大陸棚まで延長した範囲とすることもある。

## 1.2 海 岸 法

日本の海岸の保全に関する基本法が**海岸法**（1956年成立，2014年改正）であり，法律の目的はその第1条において，津波，高潮，波浪その他海水または地盤の変動による被害から海岸を防護するとともに，海岸環境の整備と保全および公衆の海岸の適正な利用を図り，もって国土の保全に資することとしている。海岸行政の所管は，国土交通省と農林水産省の分掌であり，主務大臣により海岸保全区域等に係る海岸の保全に関する基本的な方針（以下，**海岸保全基本方針**）が定められている（同法第2条の2）。ここで，海岸保全区域とは，都道府県知事が，海水または地盤の変動による被害から海岸を防護するために海岸保全施設の設置や管理を行う必要があると認めた一定の区域である（同法第3条の1）。2015年2月に策定された海岸保全基本方針では，その基本理念として，国民の共有の財産として「美しく，安全で，いきいきした海岸」を次世代へ継承していくことが示され，その基本的な事項には，海岸の防護，海岸環境の整備と保全，公衆の適正な利用が挙げられている。

この海岸保全基本方針を受けて，海岸保全区域等に係る海岸の保全に関する基本計画（以下，**海岸保全基本計画**）が都道府県知事により定められている（同法第2条の3）。海岸保全基本計画を策定すべき海岸の区分は，① 地形・海象面の類似性および沿岸漂砂の連続性に着目して大括りにするとともに，② 都府県界も考慮して定められており，たとえば，千葉東沿岸海岸（銚子から洲崎），東京湾沿岸（千葉県区間：洲崎から旧江戸川河口），東京湾沿岸（東京都区間）のように分けられている。とくに①の条件は，海岸の環境を考えるうえでの合理的で重要な観点である。

この海岸保全基本計画で定めるべき事項には，たとえば，千葉東沿岸海岸保全基本計画[3]では，

---

3) 千葉県：千葉東沿岸海岸保全基本計画，2013年11月

① 海岸の現況および保全の方向に関する事項，② 海岸の防護に関する事項，③ 海岸環境の整備および保全に関する事項，④ 海岸における公衆の適正な利用に関する事項，⑤ 魅力ある海岸づくりの健全さ推進のための方策が詳細に示されている。とくに②においては，防護すべき地域とは，海岸侵食や高潮・高波，津波により背後の生命・財産危険がおよぶ地域であり，その地域の防護すべき水準を設定することが示されている。この防護水準は，海岸侵食は現状の海岸線の保全，高波は50年に1回程度発生する波浪，高潮は既往最大の高潮位，津波は数十年から百数十年に1度程度の頻度で発生する津波を目標と定めている。

この防護水準を維持するための施設が**海岸保全施設**であり（同法第2条），その実務事項は，施設の築造に関する基準に定められている。この基準は，海岸保全施設築造基準（1958年制定）として運用されてきたが，2000年に海岸法が防災に加え景観の調和，生物の生息環境，海岸の利用等にも配慮した法律に改正されたことにより，海岸保全施設の技術上の基準・同解説（2004年制定）と改められて現在に至っている。

海岸保全施設の技術上の基準では，施設の設計条件とともに，設置に際して考えるべきこととして，施設の形状，設置位置に対する環境や利用への配慮が示されている。たとえば，堤防は海岸背後にある人命と財産を高潮，津波，高波から防護する施設であり，構造が安全であることが要求されるが，さらに，海岸の環境や利用，利用者の安全も併せて設計することが求められている。

## 1.3　人間から見た海岸

### 1.3.1　日本の海岸

日本の海岸は，海岸法によって公共海岸とその他の海岸に区分されている。公共海岸とは，陸域の防護や余暇を楽しむための海岸であり，その他の海岸とは港湾，漁港，保安等に利用される海岸である。公共海岸はさらに海岸保全区域と一般公共海岸区域に区分されている。日本の海岸線延長は，平成27年版海岸統計（国土交通省）を参照して概数で示すと，総延長は $35 \times 10^3$ km，要保全海岸延長は $15.2 \times 10^3$ km，一般公共海岸区域延長は $8.5 \times 10^3$ km，道路・鉄道・民有地等の延長は $12.5 \times 10^3$ km である。ここで，要保全海岸延長とは，海岸保全区域延長と要指定延長の和であり，要指定延長とは今後に都道府県知事が海岸保全区域に指定したいとしている区域の延長である。この海岸保全区域の岸沖方向のおよその範囲は，朔望平均干潮面から沖側へ50mと朔望平均満潮面から陸側へ50mの間である。

この長い延長を有する日本の海岸行政の所管は，前述のように国土交通省と農林水産省が分掌しており，海岸法により保全が必要とされている海岸の所管は，国土交通省水管理・国土保全局（延長に占める割合は36%）および港湾局（29%），農林水産省水産庁（22%）および農林振興局（11%），水管理・国土保全局と農林振興局との共管（2%）である。このように，日本の海岸は，利用目的によって行政的に区分されている。

### 1.3.2　海　岸　線

**海岸線**は，地理空間情報活用推進基本法第二条第三項の基盤地図情報に係る項目及び基盤地図情報が満たすべき基準に関する省令（平成19年8月29日国土交通省令第78号）によれば，海面が

最高水面に達した時の陸地と海面の境界と定義されている。ここで，最高水面とは，略最高高潮面のことである。また，海岸統計（国土交通省水管理・国土保全局編）では，海岸線延長は春分の日の満潮面と陸との交線の延長とされており，日本の海岸線延長は35 299 kmであるというときの定義はこれである。一方，海図の示す海と陸との境界線，すなわち，水深0 mの線は，この海岸線ではなく，最低水面（略最低低潮面）と陸との交線である。この最低水面と陸の交線は国連海洋法条約においては**基線**と呼ばれ，領海は基線から12海里，排他的経済水域は基線から200海里というように用いられる。このように陸と海の交線は，考える対象によって異なることに注意を要する。

人間から海岸をみると，私たちは海岸を余暇空間，港湾，漁港として利用し，それに沿う内陸の沿岸域を農地，まちや都市の親水空間の縁辺として利用している。海岸は陸域からの人間の利用と海からの自然が交わるところであり，人間からは安全・安心・快適が望まれ，自然からは多様な生物の生息環境が望まれる空間である。すなわち，海岸域は国土保全と防災と環境保全が望まれる空間である。したがって，私たちは沿岸域を守るために海岸保全施設を築造するが，さらに海岸を良い環境に保ちつつ利用する工夫をする必要がある。これは，将来の人々への約束である。しかし，自然はきびしく，私たちの要求を容易には受け入れない。私たちが海岸の自然に入り込むが故に猛威にさらされ，対策として防護施設を築造するが，それが自然の営力と均衡せずに，良かれと思って建設した施設が仇になることもある。自然の営力との均衡を保つ工夫こそが，沿岸域工学，海岸工学の目指すところである。

## 1.4 　生物からみた海岸

生物はその生息に適応する環境を選ぶ。選択される環境要素は，気象，海象，地象の広範にわたる。たとえば，海浜縁辺の植物は，海からの風，底質，地下水の含有する塩分に敏感に反応して生育しているので，海岸からの距離で植物種が異なる。貝類や藻類は主に水温，水質，底質を選択する。大きく分類すれば，水温では寒暖，水質では汽水と塩水，底質では岩礁，砂浜，泥浜（干潟）によって生息する生物種が異なる。また，潮汐による干出と水没の交番という過酷な環境変化もあるので，生物種は多様である。海岸付近の魚類も生息環境として底質に選択があり，泥，砂，岩に好みがわかれる。ここでは，生物の生息環境としての地形と底質を考える。

海岸の環境を海水の作用の仕方で分類すると，満潮線から上，干潮線から下，その間の範囲に大別される。満潮線や干潮線は一定ではないので，ここでは大潮の時の満潮と干潮の作用位置を代表して用いることにする。大潮の満潮面と干潮面の平均を，それぞれ朔望平均満潮面と朔望平均干潮面といい，朔望平均満潮面よりも上の範囲を潮上帯，朔望平均干潮面よりも下の範囲を**潮下帯**，その間を**潮間帯**という。潮上帯は水没することは稀であるが，波の飛沫の作用は受ける。潮間帯は，干出と水没が繰り返される場であり，人間から見ればここに生息する生物は過酷な環境下にある。潮下帯は海面下に水没しており，波の動きの作用を受ける場である。沖からやってくる波は潮下帯で砕波してエネルギーを散逸させながら潮間帯や潮上帯を**遡上**する。これらの場のすべての範囲が砂，泥あるいは岩のみで構成された海岸もあるし，それぞれが混在した海岸もある。

岩石海岸は，底質が移動しないという特徴を有している。波の作用が強く岩礁は砂泥が堆積しにくい場所でもある。したがって，岩礁に着底する海藻類が繁茂する。この藻類の内部では，外敵か

ら身を隠すことができ，波の作用も穏やかなので，産卵や稚仔魚の生育に適している。また，海藻，岩面の藻，小型の魚介を捕食する生物もその周辺に存在し，魚介類の生息の場にもなっている。

　砂浜海岸や泥浜海岸（干潟）では，底質の粒径が細かいと海浜の勾配がゆるくなり，粒径が粗いと勾配が急になる特徴がある。波が穏やかに作用する海岸では粒径の細かい砂や泥の砂浜や泥浜が形成される。また，波の作用が強い海岸では，粒径の粗い砂で構成される砂浜が形成される。このようなことから砂浜の勾配は 1/20 の緩傾斜から 1/5 の急勾配であり，干潟では 1/50 の緩傾斜である。潮上帯，潮間帯，潮下帯の幅は，勾配によって異なるが，比較的広くなる。潮上帯には地下水の塩分や飛砂の作用の勾配に応じた種類の植物が繁茂し，そこを生活の場にした小動物が生息しており，砂地はカメの産卵場にもなる。また，潮間帯には，底質内に潜り込むことができる二枚貝や小型の巻貝，軟体動物，カニが生息し，それらを餌とする鳥類が飛来する。波の作用が穏やかな砂浜の潮下帯には，アマモ類の海草が繁茂する。

　サンゴ礁では，サンゴは温暖で貧栄養な海域で育つので，この海岸には海藻は繁茂しにくい。しかし，サンゴ礁が波による海水の動きの穏やかな場を作り，小魚が身を隠す役目もしているので，生物の産卵，生育の場になっている。したがって，サンゴ礁の死滅はそこに生息する生物の激減につながる。一方で，サンゴの骨格は波に洗われてサンゴ砂となり，サンゴ礁の陸側に堆積して色の白い美しい海浜を形成することがある。このサンゴ砂海岸にも二枚貝や小型の巻貝が生息し，サンゴ礁との間の潮下帯には稀にアマモ場が形成されることもある。

　海岸を生息の場として利用している生物からみると，多様な地形とエネルギーレベルの分布を持つ場のなかから，その種が適応できる場を選択していることがわかる。したがって，私たちが海岸を改変して環境を変化させると，そこに生息する生物種や数に変化が生じる。私たちが食用にしている水産生物もこの多様な生態系のバランスの中で生息しているので，たとえ水産生物ではない生物種に変化を与えるような海岸の改変であっても，いずれは食用の生物の減少を招くこともあるという因果を常に考えなければならない。

## 1.5　気候変動と海岸

　気候変動は，気候システムへの人為的外因，すなわち温室効果ガスの排出，大気汚染物質の排出，土地利用の変化による地球全体のエネルギー収支の変化が発生要因であるといわれている。温室効果ガスは二酸化炭素，メタン，一酸化二窒素であるが，とくに二酸化炭素とメタンの増加が深刻である。二酸化炭素の世界平均濃度は 2011 年度の時点で産業革命以降 40％増加，メタンは 154％増加している。このような外因により，地球大気の温度は上昇し続け，結果として気候変動が生じている。

　気候変動の将来予測には温室効果ガスの排出量についてのシナリオとして，IPCC（**気候変動に関する政府間パネル**）の「排出シナリオに関する特別報告（Special Report on Emission Scenarios）」のシナリオ（SRES シナリオ）が用いられてきた。SRES シナリオ[4]では，A1 は高い経済成長と地域格差の縮小を仮定したシナリオであり，エネルギー源について，化石エネルギー源重視

---

4)　気象庁：地球温暖化の基礎知識，http://www.mri-jma.go.jp/Dep/cl/cl4/ondanka/frame.html，2017 年 2 月参照

（A1FI），非化石エネルギー源重視（A1T），すべてのエネルギー源のバランス重視（A1B）という条件分けがなされている。A2は高い経済成長と地域の独自性を仮定，B1は環境を重視した持続可能な経済成長と地域格差の縮小を仮定，B2は環境を重視した持続可能な経済成長と地域の独自性を仮定している。これらのシナリオによる世界の二酸化炭素の排出量は，2050年ではB1，B2，A1T，A1B，A2，A1F1の順に高くなる。

　気温，降雨量，台風，海面水温，海面水位について，現在までの変化と将来の変化予測結果は，「日本の気候変動とその影響（2012年版）」[5]によれば，**表-1.1**のようになる。これらの変化の中で沿岸域に影響を及ぼす因子は，台風と海面上昇である。2016年の日本への台風の接近数は平年並の11個であったが，東北地方への初めての上陸（台風10号），また北海道への上陸数が増加するなど，すでに変化が生じている。中心気圧の低い台風が接近すると，高潮により海面水位が上昇し，さらに高波が来襲する。海岸堤防の高さは，天文潮位と既往の高潮・高波のデータを基に設計されているので，気候変動で海面上昇が生じている状態で，従来よりも中心気圧の低い大型台風が襲来すると，海水が堤防を乗り越えて陸に侵入し浸水被害が発生する可能性が高くなる。したがって，堤防

**表-1.1　現在までの気候の変化と将来予測**

i.　気温

・現在までの変化：世界の平均気温は1891年以降100年あたり0.68℃の割合で上昇。日本の平均気温は1898年以降100年あたり1.15℃の割合で上昇。気温の上昇に伴って，猛暑日や熱帯夜の日数が増加。

・将来の変化予想：世界の平均気温は，21世紀末には1980〜1999年の平均と比較して，B1シナリオで1.8℃，A1FIシナリオでは，4.0℃上昇。日本の平均気温は上昇し，その上昇幅は世界平均を上回る。平均気温の上昇に伴い真夏日や熱帯夜の日数は増加し，冬日や真冬日の日数は減少する。日本の平均気温は，21世紀末には1980〜1999年の平均と比較して，A2，A1B，B1の各シナリオでそれぞれ4.0℃，3.2℃，2.1℃上昇。

ii.　降雨量

・現在までの変化：世界および日本の年降水量は大きく変動。日本は1970年代以降，1mm以上の降水の年間日数は減少。大雨の年間日数は増加傾向。

・将来の変化予想：世界の高緯度地域で降水量が増加，亜熱帯陸域では減少。極端な大雨の頻度や総降水量に対する大雨の割合は，21世紀中に多くの地域で増加。日本の年降水量は21世紀末には20世紀末に対して平均的に5%程度増加。1時間降水量50mm以上など極端な降水現象の頻度が増加。

iii.　台風

・現在までの変化：台風の発生数および全発生数に対する「強い」台風の割合に長期的な変化傾向はない。

・将来の変化予想：世界では熱帯低気圧の平均最大風速が強まる。日本では台風の来襲確率は減少。中心気圧の低い台風が接近する頻度が多くなる。

iv.　海面水温

・現在までの変化：世界の平均海面水温は上昇。日本近海の平均海面水温も上昇。

・将来の変化予想：世界の海面水温は長期的に上昇。昇温量は，南極海と北大西洋の一部で最小。日本近海の海面水温も長期的に上昇し。長期変化傾向は日本南方海域よりも日本海で大きい。21世紀末までの日本付近の海面水温は，A1Bシナリオでは100年あたり2.0〜3.1℃程度，B1シナリオでは0.6〜2.1℃上昇。

v.　海面水位

・現在までの変化：世界の平均海面水位は上昇。日本近海の平均海面水位は約20年周期の変動が顕著であり明瞭な上昇傾向はない。

・将来の変化予想：世界の海面水位は長期的に上昇。B1シナリオで18〜38cm上昇，A1FIシナリオでは26〜59cm上昇。日本周辺の海面水位は，北海道東方を除き，世界平均に比べて5〜10cm大きくなる。

---

5）　文部科学省・気象庁・環境省 (2012)：「日本の気候変動とその影響」

の嵩上げの検討が必要になる。また，砂浜や干潟では海面上昇により汀線が現在よりの陸側に後退する。さらに高潮・高波によって海岸侵食が生じる。海岸侵食には，時間経過とともに元の状況に戻る可逆現象と，激しく侵食されて砂が元に戻れない地形になる不可逆現象があり，強い台風による高潮・高波によって，後者の海岸侵食の発生頻度が多くなることが懸念される。

　沿岸の人間の活動地域に影響を及ぼす因子は，時間当たりの降雨量の増加であり，既往の施設による排水では対応できないほどの大量の雨水は，河川の水位上昇による堤防の決壊や低地での滞留による洪水を招く可能性がある。2015年には平成27年9月関東・東北豪雨により茨城県常総市の鬼怒川や宮城県大崎市の渋井川の堤防が決壊し，氾濫による大きな被害が出た。対策には，河川堤防の嵩上げや強度向上の検討が必要であり，市街地では下水道への雨水の急激な流入を防ぐための雨水貯留施設も必要になる。

　海洋生物に影響を及ぼす因子は，大気中の二酸化炭素量と海水温度の上昇である。海水は容易に二酸化炭素を溶解するので，海水中の水素イオン濃度が増加して酸性化が進む。酸性化はサンゴや海草の生息に大きく影響を及ぼし，死滅や生息域の変化を生じさせる。海水温の上昇は，浅海域の成層化を招き，底層の溶存酸素の不足により底生生物の死滅を生じさせる。また，海水温度の上昇により沿岸海域の生物分布も変化し，漁獲にも影響を及ぼす。

　以上のように，地球温暖化による気候変動は，人間の生活環境とともに沿岸の海陸の生物にも大きな影響を与える。予測シナリオはさらに進化しており，一層正確な変化予測がなされるので，私たちは自らの生活とともに海岸保全のためにも，予測結果を注視しなければならない。

## 1.6　人間活動と海岸

　海岸は生態系にとって重要な場であり，私たち人間はその生態系サービスを享受している。一方で，海から押し寄せる猛威に対する防護のフロントとして利用している。さらに，産業や余暇のために施設を建設している。海岸の岬付近の波の遮蔽域や河口は，旧来から船揚場や船溜まりとして利用されてきたが，産業の発達に伴ってその規模は拡大され，港湾や漁港として地域の中心をなすようになった。海水浴や景勝による観光産業の発展に伴い，海岸付近には宿泊施設が建設され，賑わいのある街区が形成されている。街区の形成とともに，モータリゼーションに対応すべく道路が整備されてきたが，その多くは海岸に沿うように建設されている。また，街区には来客用の駐車場用地がないために海岸を埋めて整備している場所も多い。さらに，冷却や加熱のために海水を用いる発電所や，燃料や材料を船舶から受け入れる重工業施設が建設されてきた。

　このような人間活動による海岸の利用によって，私たちは環境と防災の双方のリスクを負うことになった。私たちは海岸に近づくために防護施設を建設したが，気候変動に起因する海象の変化によって防護の水準が上がれば，さらに高度な防護が必要になる。岩礁や砂浜海岸は自然の防護施設であるといわれるが，その海岸を埋立てれば当然のこととして防護機能はなくなり，人工の防護施設の建設が必要になる。この改変の繰り返しで自然の地形は喪失し生態系は変化し消滅する。生態系が変化すれば，食料となる水産生物の生息域の変化や種や数の減少が生じる。このように海岸での人間活動にはリスクが伴っている。

　ところで，海岸法に則った国土保全は，海の猛威からの防護と海岸環境の整備の達成である。海

岸が有する自然の防護機能とは，たとえば，崖による波の反射，砂浜による波のエネルギーの逸散，広い浜幅の砂浜と砂丘やラグーンによる高潮・高波からの防護や海岸侵食の自然な復元に必要な砂の賦存，砂丘による津波の威力の減衰効果などが挙げられる。したがって，自然の海岸を保全することにより，防護機能が継続して得られ，その結果として，すでに喪失した環境から新たな環境を創成することが可能になるので，海岸環境の整備も達成されることになる。このようなことから，私たちは，海岸の自然環境に配慮しつつ，自然の営力と均衡を保ちながら防護，利用する技術を研究開発していかなければならない。

### 復習問題

1. 沿岸域と海岸の範囲を，**図-1.1** を参考にして説明しなさい。
2. 沿岸域の総合的な管理の必要性を説明しなさい。
3. 海岸法の目的を説明しなさい。
4. 海岸保全基本方針の基本理念を説明しなさい。
5. 海岸保全基本計画で定める事項を列挙しなさい。
7. 基線を説明しなさい。
8. 海岸が生物にとって過酷な生息場であると考えられる理由を述べなさい。
9. 海岸を改変して環境を変化させることによる生物への影響を説明しなさい。
10. 気候変動が沿岸における人間の活動に与える影響を説明しなさい。
11. 気候変動が海洋生物に与える影響を説明しなさい。
12. 海洋環境問題を調べて沿岸域工学の役割を考察しなさい。

# 2 波の基本的な性質

**Key words**
規則波　微小振幅波理論　速度ポテンシャル　波長　波数　波の分散関係式　波速
水粒子の速度　水粒子の軌道　波のエネルギー　群速度　長波　中間波　深海波

## 2.1 海 の 波

　天候の穏やかな日に，海辺の高台から沖の方の海の波を**図-2.1**のように概観すると，峰の高さが同じような波が，次から次へと同じような間隔で規則的に伝わる様子を観察することができる。しかし，その波をもっと注意深く見ると，小さな波や大きな波が混ざり合っていて，それぞれの波の向きも違っていることに気がつく。このように海の波は不規則な現象であるが，波の性質を理解しやすくするために，波高，周期，**波長**（峰と峰，あるいは谷と谷の間隔）が一定で，繰り返して伝わる規則的な波に例えて説明することにする。この理想化した規則的な波を**規則波**と呼ぶ。

　規則波であっても，波の谷と山の形状が三角関数のように滑らかで，静水面から山と谷の距離が等しいと考える波や，波の谷が扁平で山が尖っていて，静水面から山と谷までの距離に偏りがある波が考えられる。このような性質の異なる波を表すためにいくつかの理論が研究されてきた。そのなかで，波の振幅を水深や波長に比べて微小なものと仮定し，波形を正弦波あるいは余弦波のように1次の三角関数で表す理論が，エアリー（Airy）波理論（あるいは**微小振幅波理論**）であり，最

図-2.1　高台から見た海の波

も良く利用される基本的な理論である。一方で，波形が静水面に対して上下に均等ではなく，谷の扁平や山の尖りを表す理論が有限振幅波理論である。有限振幅波にはストークス波（Stokes wave），クノイド波（cnoidal wave），孤立波などがある。微小振幅波理論は最も簡単な理論であるが，複雑な海の波の動きを理解するための基本的な理論でもある。そこで，この微小振幅波理論を用いて波の性質の表し方を説明する。

## 2.2 波の性質を表す基本式

水深一定の水域を進行する規則波を式で表すために，波形と水粒子運動の記号および座標系を図-2.2に示す。鉛直方向を$z$軸で表し，静水面は$z=0$を通る$x$軸（右向きが正）と$y$軸（紙面裏向きが正）で構成されている。

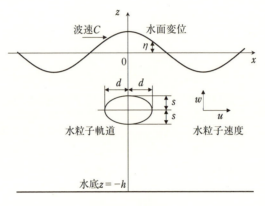

**図-2.2　座標系**

微小振幅波理論の仮定の下で波動場の速度ポテンシャル$\phi$を次式で定義する。**速度ポテンシャル**は任意の方向の変化率（変化の割合）がその方向の**水粒子の速度**を示すスカラーの物理量である。

$$\phi = \frac{H\omega}{2k}\frac{\cosh\{k(z+h)\}}{\sinh kh}\sin(kx-\omega t) \tag{2.1}$$

波は$x$が正の方向へ伝播すると仮定すると，座標$x$における時刻$t$の水面の変位$\eta(x,t)$は，次式で表すことができる。

$$\eta(x,t) = \left[\frac{1}{g}\frac{\partial\phi}{\partial t}\right]_{z=0} = \frac{H}{2}\cos\left(\frac{2\pi}{L}x - \frac{2\pi}{T}\right) = \frac{H}{2}\cos(kx-\omega t) \tag{2.2}$$

ここで，$H$は波高，$L$は波長，$T$は周期，$k$は**波数**，$\omega$は角振動数であり，$k$と$\omega$はそれぞれ次式で定義される。

$$k = \frac{2\pi}{L} \tag{2.3}$$

$$\omega = \frac{2\pi}{T} \tag{2.4}$$

ここで，$k$と$\omega$，あるいは，$L$と$T$の関係は，微小振幅波理論における**波の分散関係式**で与えら

れる。すなわち，波が伝搬する水域の水深を $h$ とすると，

$$\omega^2 = gk\tanh(kh) \tag{2.5}$$

$$L = \frac{gT^2}{2\pi}\tanh\left(\frac{2\pi}{L}h\right) \tag{2.6}$$

一つの波の進む速度を**波速**あるいは位相速度といい，式 (2.6) から次式で求められる。

$$C = \frac{L}{T} = \frac{gT}{2\pi}\tanh\left(\frac{2\pi}{L}h\right) \tag{2.7}$$

この波による水粒子の水平方向速度 $u$，鉛直方向速度 $w$ は次式で与えられる。

$$u = \frac{\partial\phi}{\partial x} = \frac{\pi H}{T}\frac{\cosh\{k(z+h)\}}{\sinh kh}\cos(kx-\omega t) \tag{2.8}$$

$$w = \frac{\partial\phi}{\partial z} = \frac{\pi H}{T}\frac{\sinh\{k(z+h)\}}{\sinh kh}\sin(kx-\omega t) \tag{2.9}$$

また，任意の点 $(x, z)$ にある水粒子が波の伝搬によって $x$ および $z$ 軸方向に移動する距離すなわち軌道 $\zeta$，$\xi$ は，式 (2.8)，式 (2.9) をそれぞれ時間で積分することにより次式で与えられる。

$$\xi = -d\sin(kx-\omega t) \tag{2.10}$$

$$\zeta = s\cos(kx-\omega t) \tag{2.11}$$

ここで，軌道振幅 $d$，$s$ は次式で与えられる。

$$d = \frac{H}{2}\frac{\cosh\{k(z+h)\}}{\sinh kh} \tag{2.12}$$

$$s = \frac{H}{2}\frac{\sinh\{k(z+h)\}}{\sinh kh} \tag{2.13}$$

また，式 (2.10)，式 (2.11) から時間項を除くと次式が得られ，波による**水粒子の軌道**は楕円軌道であることがわかる。

$$\frac{\xi^2}{d^2} + \frac{\zeta^2}{s^2} = 1 \tag{2.14}$$

波によって運動する水面の単位面積当りに持つ全エネルギーの一波長平均値 $E$ は次式で与えられる。

$$E = \frac{1}{8}\rho gH^2 \tag{2.15}$$

ここで，$\rho$ は海水の密度である。また，$x$ 軸に垂直な単位奥行幅の面を通して輸送される波エネルギーの一周期当りの平均値 $W$ は次式で与えられる。

$$W = \frac{1}{16}\rho gH^2C\left\{1 + \frac{2kh}{\sinh(2kh)}\right\} = EnC = EC_G \tag{2.16}$$

ここで，$C$ は式 (2.7) で与えられる波速であり，$n$ は次式である。

$$n = \frac{1}{2}\left\{1 + \frac{2kh}{\sinh(2kh)}\right\} \tag{2.17}$$

式 (2.16) における $C_G = nC$ を群速度といい，式 (2.16) は，**波のエネルギーが群速度 $C_G$ で輸送**

されることを示している。以上の式の導出については文献[6]などを参照されたい。

## 2.3 分散関係式と双曲線関数

式（2.1）などで用いられている $\sinh\alpha$，$\cosh\alpha$，$\tanh\alpha$ は双曲線関数と呼ばれるもので，ハイパボリック・コサイン・アルファのように読む。双曲線関数は次のように指数関数の組合せで表される。

$$\sinh\alpha = \frac{e^\alpha - e^{-\alpha}}{2}, \quad \cosh\alpha = \frac{e^\alpha + e^{-\alpha}}{2}, \quad \tanh\alpha = \frac{\sinh\alpha}{\cosh\alpha} = \frac{e^\alpha - e^{-\alpha}}{e^\alpha + e^{-\alpha}}$$

これらの関数を $\beta = \sinh\alpha$，$\beta = \cosh\alpha$，$\beta = \tanh\alpha$ としてグラフに描くと**図-2.3**のようになる。

この図から $\alpha$ の値に対する各関数の振舞いをみると，$\alpha$ の範囲によってこれらの関数は近似が可能なことがわかる。すなわち，次のとおりである。

条件1：$\alpha \leq \dfrac{\pi}{12.5}$ の場合，$\beta = \sinh\alpha \approx \alpha$，$\beta = \cosh\alpha \approx 1$，$\beta = \tanh\alpha \approx \alpha$

（以前は $\alpha \leq \dfrac{\pi}{10}$ という条件が使われていたが，この条件では近似の精度が低い）

条件2：$\alpha \geq \pi$ の場合，$\beta = \tanh\alpha \approx 1$

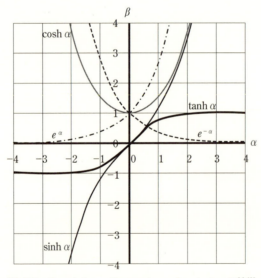

図-2.3　$\beta = \sinh\alpha$，$\beta = \cosh\alpha$，$\beta = \tanh\alpha$ の特徴

## 2.4 水深波長比による波の分類

分散関係式（2.5）あるいは式（2.6）に2.3で示した関係を参照すると，水深と波長の比によって分散関係式が近似できる。これは，(1) 長波の条件，(2) 深海波の条件とよばれるものである。

---

6) 増田光一・居駒知樹・惠藤浩明（2016）：水波工学の基礎，成山堂

## (1) 長波の条件

条件1は水深に比べて波長が25倍以上も長いという条件である。

条件1 : $\dfrac{2\pi h}{L} \le \dfrac{\pi}{12.5}$ ，すなわち，$\dfrac{h}{L} \le \dfrac{1}{25}$

$$L = \frac{gT^2}{2\pi}\tanh\left(\frac{2\pi h}{L}\right) = \frac{gT^2}{2\pi}\frac{2\pi h}{L} = \frac{gT^2 h}{L} \quad \therefore L = T\sqrt{gh} \tag{2.18}$$

$$C = \sqrt{gh} \tag{2.19}$$

このとき，$\tanh kh \to kh$，$\sinh kh \to kh$，$\sinh k(z+h) \to k(z+h)$，$\cosh k(z+h) \to 1$ であるので [7]，式 (2.8)，(2.9) の水粒子の水平方向速度 $u$，鉛直方向速度 $w$ は次のようになる。

$$u = \frac{\pi H}{T}\frac{\cosh\{k(z+h)\}}{\sinh kh}\cos(kx - \omega t) = \frac{\pi H}{T}\frac{1}{kh}\cos(kx - \omega t)$$

$$= \frac{H}{2}\sqrt{\frac{g}{H}}\cos(kx - \omega t) \tag{2.19}$$

$$w = \frac{\pi H}{T}\frac{\sinh\{k(z+h)\}}{\sinh kh}\sin(kx - \omega t) = \frac{\pi H}{T}\left(\frac{z}{h}+1\right)\sin(kx - \omega t) \tag{2.20}$$

水粒子運動の水平および鉛直方向の軌道半径 $d$, $s$ は，式 (2.12)，(2.13) より，

$$d = \frac{H}{2\omega}\sqrt{\frac{g}{h}} = \frac{HT}{4\pi}\sqrt{\frac{g}{h}} \tag{2.21}$$

$$s = \frac{\pi H}{T\omega}\left(\frac{z}{h}+1\right) = \frac{H}{2}\left(\frac{z}{h}+1\right) \tag{2.22}$$

ここで，次の式展開を用いた。

$$\frac{\cosh\{k(z+h)\}}{\sinh kh} \approx \frac{1}{kh} \tag{2.23}$$

$$\frac{\sinh\{k(z+h)\}}{\sinh kh} \approx \frac{z}{h}+1 \tag{2.24}$$

水粒子の水平方向速度 $u$ の振幅は鉛直方向 $z$ に関係なく一定であり，鉛直方向速度 $w$ は海底面 $z = -h$ では $w = 0$ になる。この条件1の範囲の波は，**長波**といわれる。ここで，水面 $z = 0$ では $w_{z=0} = \dfrac{\pi H}{T}\cos(kx - \omega t)$ であり，水面位置での水平方向と鉛直方向の水粒子速度の比は，

$$u_{z=0} : w_{z=0} = \frac{\pi H}{T}\frac{1}{kh} : \frac{\pi H}{T} = \frac{1}{kh} : 1 \tag{2.25}$$

である。ここで考えている条件は $\dfrac{2\pi h}{L} = kh \le \dfrac{\pi}{10}$ であるから，$\dfrac{1}{kh} \le \dfrac{10}{\pi} = 3.18$ となり，水面の水粒子の水平方向速度は鉛直方向速度の少なくとも 3.18 倍以上で，波長に比べて水深が浅くなるほど水平方向流速が卓越し，鉛直方向流速は無視し得るようになる。この近似においてさらに $kh \to 0$ とする長波近似では，速度ポテンシャル $\phi$ は，

$$\phi = \frac{H\omega}{2k}\frac{\cosh\{k(z+h)\}}{\sinh kh}\sin(kx - \omega t) = \frac{H\omega}{2k}\frac{1}{kh}\sin(kx - \omega t)$$

---

7) 数学公式集Ⅱ，岩波全書，p.205

$$= \frac{H}{2}\frac{g}{\omega}\sin\left(kx - \omega t\right) \tag{2.26}$$

となるので，鉛直方向流速は水深に関係なく $w = 0$ となり，鉛直方向水平軌道半径も $s = 0$ となる。

### (2) 深海波の条件

条件 2 は水深が波長の 1/2 よりも深いという条件である。

条件 2 : $\dfrac{2\pi h}{L} \geq \pi$ ，すなわち，$\dfrac{h}{L} \geq \dfrac{1}{2}$

$$L = \frac{gT^2}{2\pi} = \tanh\left(\frac{2\pi h}{L}\right) = \frac{gT^2}{2\pi} = L_0 \approx 1.56 T^2 \tag{2.27}$$

$$C = \frac{gT}{2\pi} \tag{2.28}$$

このとき，式 (2.8)，(2.9) の水粒子の水平方向速度 $u$，鉛直方向速度 $w$ は次のようになり，水粒子は等速円運動をすることがわかる。

$$u = \frac{\pi H}{T}\frac{\cosh\left\{k\left(z+h\right)\right\}}{\sinh kh}\cos\left(kx - \omega t\right) = \frac{\pi H}{T}e^{kz}\cos\left(kx - \omega t\right) \tag{2.29}$$

$$w = \frac{\pi H}{T}\frac{\sinh\left\{k\left(z+h\right)\right\}}{\sinh kh}\sin\left(kx - \omega t\right) = \frac{\pi H}{T}e^{kz}\sin\left(kx - \omega t\right) \tag{2.30}$$

水粒子運動の水平方向軌道振幅 $d$ および鉛直方向軌道振幅 $s$ は，式 (2.12)，(2.13) より次式となる。したがって，深海波の条件の波の場合，水粒子の軌道は円になる。

$$d = \frac{1}{2}He^{kz} \tag{2.31}$$

$$s = \frac{1}{2}He^{kz} \tag{2.32}$$

ここで，次の式展開を用いた。

$$\frac{\cosh\left\{k\left(z+h\right)\right\}}{\sinh kh} = \cosh kz + \sinh kz = \frac{e^{kz} + e^{-kz}}{2} + \frac{e^{kz} - e^{-kz}}{2} = e^{kz} \tag{2.33}$$

$$\frac{\sinh\left\{k\left(z+h\right)\right\}}{\sinh kh} = \sinh kz + \cosh kz = \frac{e^{kz} - e^{-kz}}{2} + \frac{e^{kz} + e^{-kz}}{2} = e^{kz} \tag{2.34}$$

また，次の双曲線関数の加法定理も用いた。

$$\cosh\left\{k\left(z+h\right)\right\} = \cosh kz \cosh kh + \sinh kz \sinh kh$$

$$\sinh\left\{k\left(z+h\right)\right\} = \sinh kz \cosh kh + \cosh kz \sinh kh$$

このときの水粒子の軌道振幅は，水深の増加とともに小さくなり，水深 $z = -\dfrac{L}{2}$ のときには，$e^{kz} = e^{-\pi} \approx 0$（図-2.3 参照）となり，もはや水粒子は動かないことになる。すなわち，条件 2 の範囲では，水粒子は円軌道を描き，その運動は水深 $z = -\dfrac{L}{2}$ 以深にはとどかない。この条件の波を**深海波**という。

以上のように，波長 $L$ と水深 $h$ の関係によって波の性質を分類することができ，これらをまとめて以下に示す。

14

$\dfrac{h}{L} \leq \dfrac{1}{25}$ ：長波

$\dfrac{1}{25} < \dfrac{h}{L} \leq \dfrac{1}{2}$ ：浅海表面波（**中間波**）

$\dfrac{h}{L} \geq \dfrac{1}{2}$ ：深海波

この水深波長比によって分類した波の水粒子軌道の概念を**図-2.4**に示す．また，波諸元を表す式をまとめて**表-2.1**に示す．

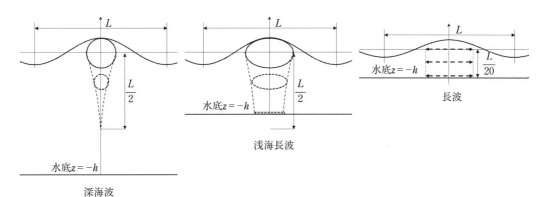

図-2.4 水粒子の軌道

表-2.1 微小振幅波の諸元を表す式

| パラメータ | | | 深海波 | 浅海長波 | 長波 |
|---|---|---|---|---|---|
| 水面変位 $\eta$ | | | \multicolumn{3}{c|}{$\dfrac{H}{2}\cos(kx-\omega t)$} |
| 波長 $L$ | | | $\dfrac{gT^2}{2\pi}$ | $\dfrac{gT^2}{2\pi}\tanh\left(\dfrac{2\pi}{L}h\right)$ | $T\sqrt{gh}$ |
| 波速 $C$ | | | $\dfrac{gT}{2\pi}$ | $\dfrac{gT}{2\pi}\tanh\left(\dfrac{2\pi}{L}h\right)$ | $\sqrt{gh}$ |
| 水粒子運動 | 軌道 | 水平 $\xi$ | \multicolumn{3}{c|}{$-d\sin(kx-\omega t)$} |
| | | 鉛直 $\zeta$ | \multicolumn{3}{c|}{$s\cos(kx-\omega t)$} |
| | 軌道振幅 | 水平 $d$ | $\dfrac{1}{2}He^{kz}$ | $\dfrac{H}{2}\dfrac{\cosh\{k(z+h)\}}{\sinh kh}$ | $\dfrac{HT}{4\pi}\sqrt{\dfrac{g}{h}}$ |
| | | 鉛直 $s$ | $\dfrac{1}{2}He^{kz}$ | $\dfrac{H}{2}\dfrac{\sinh\{k(z+h)\}}{\sinh kh}$ | 0 |
| | 速度 | 水平 $u$ | $\dfrac{\pi H}{T}e^{kz}\cos(kx-\omega t)$ | $\dfrac{\pi H}{T}\dfrac{\cosh\{k(z+h)\}}{\sinh kh}\cos(kx-\omega t)$ | $\dfrac{H}{2}\sqrt{\dfrac{g}{h}}\cos(kx-\omega t)$ |
| | | 鉛直 $w$ | $\dfrac{\pi H}{T}e^{kz}\sin(kx-\omega t)$ | $\dfrac{\pi H}{T}\dfrac{\sinh\{k(z+h)\}}{\sinh kh}\sin(kx-\omega t)$ | 0 |

## 2.5 波の周期による分類

海の表面には，周期が0.1秒以下の表面張力波（さざ波）からとても長い周期の潮汐まで，さまざまな波が存在する。海の波を周期で分類すると**表-2.2**[8),9)]のように6つの範囲に分けられる。表中には典型的な波長，理論の範囲，および発生要因も併せて示した。これらの波が持つエネルギーの分布（周波数スペクトル）の概念を示したものが**図-2.5**[10)]である。横軸は波の周波数（周期の逆数）であり，これに対応して図の上方には周期が記されている。また，図にはそれぞれの波の発生力と復元力が書き込んであり，波の種類とその周波数帯（周期帯）が示されている。図に示したように，波は発生力，復元力，波の周期（あるいは波長）によって分類される。

図-2.5で最も周期が短い範囲には周期が0.1秒以下の表面張力波があり，次に周期が0.1秒から5分の重力波がある。重力波は風によって発生し重力を復元力として伝播するもので，0.1秒から10秒までの短周期重力波，10秒から30秒までの重力波，30秒から300秒までの長周期重力波と

表-2.2 波の周期による分類

| 波の種類 | 周期帯（秒） | | |
|---|---|---|---|
| 表面張力波（Capillary） | 0 | ～ | $1 \times 10^{-1}$ |
| 短周期重力波（Ultragravity） | $1 \times 10^{-1}$ | ～ | $1 \times 10^{0}$ |
| 重力波（Gravity） | $1 \times 10^{0}$ | ～ | $3 \times 10^{1}$ |
| 長周期重力波（Infragravity） | $1 \times 10^{1}$ | ～ | $3 \times 10^{2}$ *1 |
| 長周期波（Long period） | $1 \times 10^{2}$ | ～ | $8.64 \times 10^{4}$ *2 |
| 遷移潮波（Transtidal） | $8.64 \times 10^{4}$ | ～ | $\infty$ |

注）＊1：5分　＊2：24時間

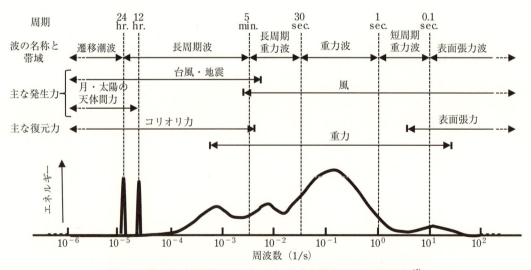

図-2.5 海の波（表面波）のエネルギー分布と発生力および復元力[10)]

---

8) Blair Kinsman(1965)：Wind Waves, Prentice-Hall, Inc., p. 22
9) Paul R. Pinet (2009)：Introduction to Oceanography, 5th edition, Jones and Bartlett Publishers, pp. 233-234
10) Blair Kinsman(1965)：Wind Waves, Prentice-Hall, Inc., p.23

分けることがある。この場合，短周期重力波は風波とも呼ばれ，重力波には風波やうねりと呼ばれる波が含まれる（4章参照）。また，5分から24時間の範囲の波は長周期波とよばれ，潮汐，高潮，津波（3章参照）などが含まれる。

### 復習問題

1. 表計算ソフトを利用して，長波，中間波，深海波の条件を変化せて波長を求めなさい。式（2.6）を使うと簡単に計算できる。

例

| 波の種類 | 長波 | 中間波 | 深海波 |
|---|---|---|---|
| 周期 $T$（s） | 10 | 10 | 10 |
| 分類の条件 $h/L$ | 1/30 | 1/15 | 1/1 |
| 波長 $L$（m） | 32.2 | 86.9 | 156.0 |
| 水深 $h$（m） | 1.1 | 8.7 | 156.0 |

2. 表計算ソフトを利用して，周期と水深が与えられたときの波長を求めなさい。

例

| 波の種類 | 長波 | 中間波 | 深海波 |
|---|---|---|---|
| 周期 $T$（s） | 10 | 10 | 10 |
| 水深 $h$（m） | 1 | 9 | 156 |
| 波長 $L$（m） | 31.1 | 88.2 | 156 |
| 分類の条件 $h/L$ | 1/31.1 | 1/9.8 | 1/1 |
| 波の種類の判定 | 長波 | 中間波 | 深海波 |

波長は式（2.6）を使って繰り返し収束計算で求めることができる。

手順1：$L_0 = \dfrac{gT^2}{2\pi}$ を計算し，式（2.6）を使用し，$L_1 = L_0 \tanh \dfrac{2\pi}{L_0} h$ を計算する。

手順2：$L_1$ を式（2.6）に代入して，$L_2 = L_0 \tanh \dfrac{2\pi}{L_1} h$ を計算する。

手順3：$L_2$ を式（2.6）に代入して，$L_3 = L_0 \tanh \dfrac{2\pi}{L_2} h$ を計算する。

これを繰り返して，$L_n$ が $L_{n-1}$ と等しくなったときの $L_n$ が求める波長である。

この方法はきわめて単純ではあるが，表計算ソフトの使用で簡単かつ正確に波長が求められる。

3. 前問の例の各条件における波速と群速度を求めなさい。

4. 前問の例の各条件における自由表面位置の水粒子の軌道を描きなさい。

5. 前問の例の各条件における自由表面位置と海底面での水粒子の速度を求めなさい。

# 3　長周期の波

## Key words

潮汐　天文潮　満潮　干潮　起潮力　大潮　小潮　潮汐バルジ　日潮不等

主要4分潮　主太陰半日周潮（$M_2$）　日月合成日周潮（$K_1$）　主太陽半日周潮（$S_2$）

主太陰日周潮（$O_1$）　最低水面（略最低低潮面）　高潮　気象潮　津波　グリーンの法則

段波　分裂　レベル1津波　レベル2津波　ハザードマップ　副振動　水面の固有周期

## 3.1　潮汐と潮位

### 3.1.1　潮　　汐

　地球，月および太陽の天体間の力の作用で生じる海面の波を**潮汐**といい，天体間の力による海面の変動を**天文潮**という。潮位が最も高くなる状態を**満潮**，最も低くなる状態を**干潮**という。1日に満潮と干潮がそれぞれ2回生じる場合を1日2回潮，1回生じる場合を1日1回潮といい，中緯度と低緯度では1日2回潮が普通である。1日2回潮のときに1回目と2回目の満潮位や干潮位が異なる場合がある。これは，地形や潮汐バルジの傾きの影響で生じる現象であり，**日潮不等**という。日潮不等のときの高い満潮を高高潮，低い満潮を低高潮といい，高い低潮位を高低潮，低い低潮を低低潮という。満潮と干潮の周期はほぼ半日であり，1日2回潮のときは平均で約12時間25分である。

### 3.1.2　潮汐の発生メカニズム

　潮汐を生じさせる力を**起潮力**という。主な起潮力は，月および太陽の引力と，地球の月との共通重心周りの公転運動による遠心力である。地球から距離 $D$，質量 $M$ の天体による起潮力は，$F_t \propto M/D^3$ の関係にある。太陽の質量は地球の33万倍，月の質量は地球の1/80倍，太陽・地球間距離は $1.5 \times 10^8$ km，月・地球間距離は $3.8 \times 10^5$ km と簡単に仮定すると，月の起潮力は太陽の起潮力のおよそ2倍である。**図-3.1** に示すように，黄道（地球の公転軌道）に垂直な天の北すなわち黄道北極から地球と月と太陽を見下ろして，それらの天体の位置が一直線状に並ぶとき，すなわち，満月や新月のときは，月と太陽の起潮力が重なり合い，満潮の潮位が最も高くなり，干潮の潮位は最も低くなる。この現象を**大潮**という（**図-3.1(a)**）。また，同じように見下ろして，地球と月を結ぶ線が地球と太陽を結ぶ線と直角になる位置のとき，すなわち，半月のときは，月の起潮力による潮位変動と太陽の起潮力による潮位変動が互いに打ち消しあうので，満潮と干潮の差が最も小さくなる。この現象を**小潮**という（**図-3.1(b)**）。

(a) 大潮のときの天体位置　　　　　　　　(b) 小潮のときの天体位置

図-3.1　黄道北極から見た地球と月と太陽の位置と大潮と小潮

### 3.1.3　潮汐バルジの傾き

現在の地軸は黄道から垂直に立てた線に対して約 23.5° 傾いている。言い換えれば赤道は黄道に対して約 23.5° 傾いている。さらに月の地球に対する公転軌道すなわち白道は黄道に対して約 5° 傾いている。すなわち，白道は赤道に対して 28.5° 傾いている。潮汐は月の引力と地球と月の共通重心廻りの公転による遠心力の影響を強く受けるので，月と地球を結んだ方向に海水が寄せ集められる。このような海水の集まりを**潮汐バルジ**という。潮汐バルジは白道の方向に最も膨らみ，赤道と白道が約 28.5° 傾いているために，繰り返される満潮位や干潮位は同じではない。たとえば，**図-3.2**において潮汐バルジの位置を固定して，北緯 30° の地点 A の潮位を考える。図の状態では満潮位は高く高高潮になるが，自転により 12 時間後の位置は B となるので，同じ潮汐バルジでも満潮は低く低高潮となる。これが日潮不等の大きな要因の一つであるが，他には地形もその要因となる。

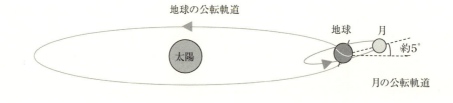

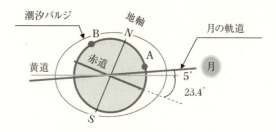

図-3.2　天体間の位置関係と潮汐バルジ

### 3.1.4　潮　　位

潮位は，ある基準から測った海面の高さと定義されるが，日本における潮位の基準は，東京湾平均海面（T.P.：Tokyo Peil）であり，日本の標高の基準でもある。測量の水準原点は，測量法（第 11 条）および測量法施行令（第 2 条）により T.P. + 24.3900 m と決められている。また，特定の海

域や港湾で基準高さを設けることがある．たとえば，東京湾の荒川工事基準面（A.P.：Arakawa Peil）や，大阪湾の大阪湾工事基準面（O.P.：Osaka Peel）があり，これらの場合にも東京湾平均海面との高さの違いが明記される．

干満の潮位や台風時の高潮潮位を明示することは，海辺での居住や作業の安全を確保するために重要である．そのために，海域ごとに平均の干満の潮位や既往の最高潮位が示されている．一定期間（たとえば1年間）の海面水位の平均値を平均水面という．朔望（さくぼう）（新月あるいは満月）の前2日後4日の間の満潮位（干潮位）で最高（最低）の潮位の当年を含む前5年間の年間平均値の平均値を朔望平均満潮面（干潮面）という．潮位や**潮汐**に関する用語の定義は，気象庁[11]が正確に示しているので参考になる．

### 3.1.5　主要4分潮と潮位

潮位変動を調和分解して，振幅，周期および位相の異なる多くの三角関数の和として表したときの個々の変動を分潮という．分潮のうちの主太陰半日周潮（$M_2$），日月合成日周潮（じつげつ）（$K_1$），主太陽半日周潮（$S_2$），主太陰日周潮（$O_1$）の順序でその振幅が卓越しているため，これらを**主要4分潮**と呼ぶ．**主太陰半日周潮**（$M_2$）は月の引力による周期が12時間25分の半日周潮，**日月合成日周潮**（$K_1$）は周期が23時間56分の日周潮，**主太陽半日周潮**（$S_2$）は太陽の引力による周期が12時間の半日周潮，**主太陰日周潮**（$O_1$）は月の引力による周期が24時間49分の日周潮である．

平均水面に主要4分潮の振幅の合計値を加えた位置を略最高高潮面，平均水面から主要4分潮の振幅の合計値を差引いた位置を**最低水面**（ほぼ）（略最低低潮面）と呼ぶ．**天文潮**は最低水面より低くなることは稀である．最低水面（略最低低潮面）は，海図の水深の基準面である．これは航行船舶に対して，自船の喫水と水深の差を知らせるのに好都合なためである．また，国際海洋法第7条によれば領海や排他的経済水域を決める基線は低潮線とされているが，この低潮線とは最低水面（略最低低潮面）と陸の交線のことである．また，国土地理院の地形図図式適用規定により地形図上の海岸線は略最高高潮面と陸の交線である．図-3.3に主な潮位とそれらの位置関係を示す．

図-3.3　主な潮位

---

11）気象庁：潮汐に関する用語，気象庁ホームページ
　　http://www.data.jma.go.jp/gmd/kaiyou/db/tide/knowledge/tide/yougo.html

## 3.2 高　　潮

### 3.2.1　高潮の発生要因

　低気圧（台風）の影響で生じる海面の上昇を**高潮**といい，潮汐の天文潮に対して，高潮は気象による海面変動なので**気象潮**といわれる。高潮は，気圧低下による海面上昇と，風による海水の吹き寄せによって生じる海面上昇，wave setup による海面上昇を合わせた現象である。

　気圧低下による海面上昇量は，気圧の低下によって減少する海面への力と，それによって上昇する海水の重量が等しいことから，次式で与えられる。ここで，$\eta_B$ は気圧変化による海面変化量（cm），$\Delta P$ は気圧の変化量（hPa），$\rho_w$ は海水の密度（kg/m$^3$），$g$ は重力加速度である。この式は，気圧が 1 hPa 変化すると海面は約 1 cm 変化することを示している。

$$\eta_B = \frac{\Delta P}{\rho_w g} = 0.991 \Delta P \tag{3.1}$$

　一方，風によって海岸に吹き寄せられる海水による海面上昇は，風と海面の摩擦によって生じる現象であり次式で求められる。この式はコールディングの式と呼ばれている。

$$\eta_W = K \frac{(U \cos\theta)^2 F}{h} \tag{3.2}$$

　ここで，$\eta_W$ は海水の吹き寄せによる海面上昇量（cm），$K$ は係数で $4.8 \times 10^{-2}$，$U$ は風速（m/s），$\theta$ は海岸線の法線と風向のなす角度，$F$ は海域の長さ（km），$h$ は水深（m）である。この式は，吹き寄せによる海面上昇量が風速の 2 乗に比例することを示しており，たとえば，風速 10 m/s から風速 20 m/s になれば，水面上昇は 4 倍になる。

　Wave setup による水位上昇 $\eta_{su}$ は，砕波波高 $H_b$ に比例し，近似的に次式で表される [12]。

$$\eta_{su} = 0.188 H_b \tag{3.3}$$

### 3.2.2　高潮の経験的な予測式

　高潮は以上の 3 つの要因で生じるが，実際には地形などの影響を受けるので，それぞれの式で求まる値の合算と実測は異なる。そのために，予測には既往の観測データに基づいた回帰式が用いられることがある。港湾の施設の技術上の基準・同解説では，高潮偏差を，次式を用いて求めることができるとしている [13]。この式の右辺第 1 項は気圧低下による海面上昇，第 2 項は風の吹き寄せによる海面上昇，第 3 項は wave setup による海面上昇を表している。

$$\eta = a(P_0 - P) + bW^2 \cos\theta + c \tag{3.4}$$

　ここで，$\eta$ は高潮の潮位偏差（cm），$P_0$ は基準気圧（1 010 hPa），$P$ は最低気圧（hPa），$W$ は 10 分間平均風速の最大値（m/s），$\theta$ は主風向と最大風速 $W$ のなす角度である。

　また，$a$，$b$，$c$ は地点ごとに，多年にわたり観測した高潮偏差 $\eta$ と $P$，$W$，$\theta$ の関係を回帰式により求めた定数である。このことから経験的な予測式といわれている。たとえば，1917 年から 87

---

12)　Robert G. Dean and Robert A. Dalrymple (2002)：Beach Processes, Cambridge University Press, pp.78–86
13)　日本港湾協会（2007）：港湾の技術上の基準・同解説, pp.122–123

年の観測期間で定められた東京での $a$, $b$, $c$, $\theta$ の値は，2.23，0.112，0，S29°W（南から29°西寄りの方向）である。この式は簡便に高潮の最大潮位偏差をも求める式であるが，これを台風襲来時の時々刻々の気圧，風速，風向を用いて高潮シミュレーションに用いようとする試みもある[14]。また，気象庁では高潮数値予測モデルとして，気象予測結果を用いて海水運動の支配方程式であるNavier Stokesの方程式を数値解析する方法が用いられている。

### 3.2.3 高潮防災

高潮は低気圧や台風の通過に伴って頻繁に生じるが，図-3.4に示すように，上昇した海面上にさらに強風によって生じた高波が襲来する。これに備える高潮防災には高さによる防護，すなわち，堤防などの天端高を高くすることが必要になる[15]。そのため，防波堤や堤防の天端高は，既往の台風による潮位偏差やモデル台風によって求められた潮位偏差を計画潮位とし，これに設計波による防波堤への打ち上げを考慮し，越流を許容する場合には必要な排水能力を勘案した許容越波量も考え合わせて設定される。

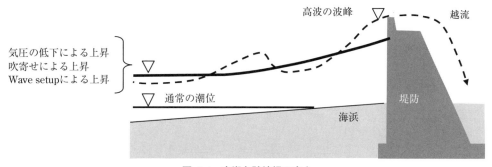

図-3.4　高潮と防波堤の高さ

## 3.3 津　　波

### 3.3.1 津波の発生要因

**津波**は，海底下の地震，海底斜面の土砂崩落，氷山の崩落などによって生じるが，規模の大きい津波は海底下の地震によって発生する。この津波は地震津波とよばれることもあり，海底下の地震による断層の動きで海底が隆起あるいは沈降することによって生じる海面の変動が伝搬した波である。津波の規模は，地震の規模（マグニチュード）と震源の深さに依存し，規模が大きいほど，震源が浅いほど津波の高さは高くなる。津波の発生時の形は，地盤面の動きに依存し，すなわち正断層と逆断層のような形態のずれの違いにより波形が異なる。図-3.5(a)に示したように，正断層の場合には図の左側に向かう津波は引き波から伝搬し，右側に向かう津波は押し波から伝搬する。一方，図-3.5(b)に示したように，日本の太平洋沿岸のようなプレート境界での地盤のずれかたは逆断層の形態であり，日本列島および太平洋方向に向かって押し波が伝搬する。このように，海岸が沈降

---

14) 朝位孝二，矢野裕騎，三浦房紀（2014）：数値シミュレーションを用いた高潮予測式の係数評価，山口大学工学部研究報告，Vol. 64, No. 2, pp.19-27
15) 海岸保全施設技術研究会編（2004）：海岸保全施設の技術上の基準・同解説，p.3-27

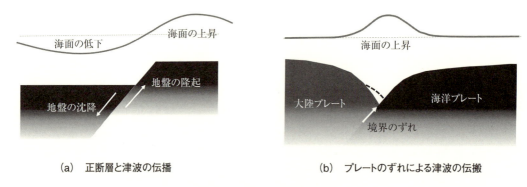

(a) 正断層と津波の伝播　　　　(b) プレートのずれによる津波の伝搬

図-3.5　地震による津波の発生

する地盤に面していると引き波が，隆起する地盤に面していると押し波の津波が来襲することになる。ただし，2011年3月11日に発生した東日本大震災の場合は，沿岸域では沈降，沖合では隆起が生じたので，東北地方沿岸では引き波の津波が来襲したといわれている。このように地震発生直後では海底の隆起沈降の判断が容易ではないので，海岸にどちらの波が来襲するかは予測が困難である。

### 3.3.2　津波の伝搬速度

津波は水深に比べて波長が十分に長いため長波であり，その伝搬速度は水深を $h$，重力加速度は $g$ とすると $\sqrt{gh}$ で計算される。たとえば，太平洋の大陸棚斜面の沖側が平坦で平均水深が4 000 mであると仮定すると，津波の伝搬速度は $\sqrt{gh} = \sqrt{9.8 \times 4\,000} \approx 200$ m/s $= 720$ km/hr になる。たとえば日本近海から約17 000 kmの距離にある南米のチリで発生した津波は，約24時間で日本近海に到達することになる。実際チリ地震津波（1960年）の到達時間は22.5時間であったので，この近似は有効といえる。

津波は1波だけではなく引き続いて数波が来襲することがある。津波は波長が長いので，最初の津波（第1波）の先端が通過した後方の水深は，当初より深い状態になっている。第2波はその水面の上を伝搬するので，相対的に波峰の高さは高くなる。また，第1波が伝搬した時より水深が深くなっているので，その伝搬速度は第1波より早くなる。第1波はさらに浅い海域を伝搬して遅くなるので，後続の第2波との先端間の距離はしだいに短くなる。

津波が大陸棚斜面から沿岸を進行すると水深が浅くなるので，伝搬速度は遅くなり水面の盛り上がりは高くなる。陸域付近に第1波が来襲してすぐに第2波が来襲すると，前述のように第1波より波高が高い第2波が来襲する。また第1波に第2波が追いつけば，一層高い波高の津波になる。

### 3.3.3　津波の波高の変化

津波が海岸に近づくと図-3.6(a)に示した岬では屈折による集中で津波波高は高くなる。また，図-3.6(b)のリアス海岸を模擬したV型の地形では，波高は水深と幅の影響を受けて高くなる。水深 $h_1$，幅 $B_1$ の海域で波高 $H_1$ の波が伝搬するエネルギーの総量は $E_1 C_{G1} B_1$ である。この波が，水深 $h_2$，幅 $B_2$ の海域に伝搬して波高 $H_2$ の波になったときの伝搬するエネルギーの総量は $E_2 C_{G2} B_2$ である。この伝搬過程でエネルギーは保存されるとすれば，これらは等しく次式が成り立つ。

$$E_1 C_{G1} B_1 = E_2 C_{G2} B_2 \tag{3.5}$$

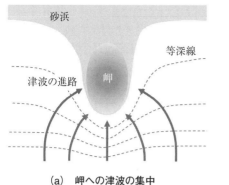
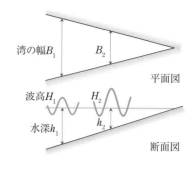

(a) 岬への津波の集中　　　　　　(b) V型地形での波高の変化

図-3.6　地形による津波の波高の変化

ここで，$E_1 = \frac{1}{8}\rho g H_1^2$，$E_2 = \frac{1}{8}\rho g H_2^2$，$C_{G1} = \sqrt{gh_1}$，$C_{G2} = \sqrt{gh_2}$ であるので，波高の比は次式で示される。この式（4.2）は**グリーンの法則**と呼ばれる。たとえば，幅が 1/4 に狭まり，水深が 1/16 に浅くなると波高は 4 倍になる。

$$\frac{H_2}{H_1} = \left(\frac{h_1}{h_2}\right)^{1/4} \left(\frac{B_1}{B_2}\right)^{1/2} \tag{3.6}$$

また，湾の幅が大きく変化しない U 字型の地形では，波高の比は水深の変化のみで示される。前述の例と同じように水深が 1/16 に浅くなると，波高は 2 倍になる。このように V 型の地形と U 型の地形では津波の波高変化が大きく異なる。

### 3.3.4　津波の波形の変化

津波は沖合ではなだらかな山形の形状で伝搬するが浅海域では徐々に前傾化し，海岸や河川を遡上するときには，先端の波形が著しく切り立ち**段波**になる。段波は図-3.7 に示した砕波段波と波状段波に分けられる。砕波段波は，津波先端部が砕波しながら伝搬する。一方，波状段波は，砕波せずに津波先端部が短周期の複数の波に**分裂**しながら遡上するが，波の峰の高さと谷の深さが増加して元の段波より高い津波になることがある。

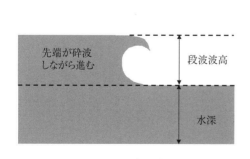
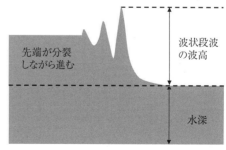

(a) 砕波段波　　　　　　　　　(b) 波状段波

図-3.7　段波（参考文献 16）を参考に作成）

16) 土木学会津波研究小委員会編（2009）：津波から生き残る，pp.25-26，丸善

### 3.3.5 津波防災

　津波防災には防護と避難が重要である。防護には，防波堤や堤防の建設，高台や嵩上げ地での居住が考えられる。2011年3月11日に発生した東北地方太平洋沖地震による東日本大震災の後に，津波対策に要求される性能を津波の規模に応じて変えることとなった。想定する津波規模は**レベル1**，**レベル2**と呼ばれ，**表-3.1**に示すように発生頻度と対策の考え方が明確にされている。これにより津波対策の堤防を構築する場合には，レベル1の津波では越流は防止し，レベル2の津波では越流は許容すると考えることができる。したがって，レベル2の津波に対しては越流による浸水を止めるために，第2の堤防の構築や嵩上げした道路や鉄道などを堤防に見立てるような多重の防護を行うことになる。国土交通白書2012には，東日本大震災後の復興と防災のあり方の転換に関する重要な記載があるので，是非，参照されたい。

　一方，避難では避難場所の明示や避難経路を確保する計画が重要であり，避難計画では，想定する津波の到達時刻，波高や浸水範囲が必要になる。たとえば，日本では内閣府中央防災会議が南海トラフ地震の想定したデータを公開している。このような科学データを基にして，都道府県では津波浸水予測図を策定し，市町村は避難場所や避難路を設定している。避難場所としては，高台，津波避難ビル，津波タワー，築山があり，これらが不足する場合には，周辺の高層建物も利用される。これらのデータを地図上にまとめたものが津波ハザードマップであり，市町村が検討して作成している。このほかの対策として，港湾内の船舶に対して適切な係留による待機方法の検討がなされている。

**表-3.1　津波のレベルと対策の要求性能** [17]

| 種　類 | 津波の発生頻度 | 対策の要求性能 |
|---|---|---|
| レベル1 | 比較的発生頻度が高い津波<br><br>概ね数十年から百数十年に1回程度で発生する津波 | 人命保護に加え，住民財産の保護，地域の経済活動の安定化，効率的な生産拠点の確保の観点から，海岸保全施設等を整備 |
| レベル2 | 発生頻度は極めて低い津波<br><br>概ね数百年から千年に1回程度の頻度で発生し，影響が甚大な最大クラスの津波 | 被害の最小化を主眼とする「減災」の考え方に基づき，住民等の生命を守ることを最優先とし，住民等の避難を軸に，海岸保全施設等のハード対策とハザードマップの整備等のソフト対策という取りうる手段を尽くした総合的な津波対策を確立 |

## 3.4　湾や港の副振動

　湾や港では内部の水面が一定周期で振動することがあり，これを**副振動**という。副振動の周期は，港湾の周辺を固定あるいは自由境界とした**水面の固有周期**である。たとえば**図-3.8(a)**のような長方形の港湾を考えると，一端が岸壁で他方が開いている方向の水面の副振動は，**図-3.8(a)**の左端の岸壁で腹が生じ，右端の開口端より少し外側に節が生じる。ただし，ここでは近似的には開口端において節が生じるものと仮定する。この場合の1次固有周期の副振動の波形は**図-3.8(b)**のようになり，副振動の波長$L$は港湾の奥行距離$l$の4倍である。この波は水深に比べて波長が十分長い

---

17)　国土交通省（2012）：国土交通白書，第1部第1章第3節「1　防災のあり方の転換」

ので長波とみなすことができる．したがって，港湾の水深を $h$ とすれば，波の波速 $C$ は $C=\sqrt{gh}$ である．一方，波長 $L$ は $L=4l$ であるから，図-3.8(b) の場合の副振動の1次の固有周期 $T_1$ は，

$$T_1 = \frac{L}{C} = \frac{4l}{\sqrt{gh}} \tag{3.7}$$

となる．一般的に一端が固定で他端が開口の場合には，固定端で腹，開口端で節になるため，その波長 $L$ は $L=4l/(2m-1)$ となる．ここで $m$ は固有周期の次数である．したがって，$m$ 次の副振動の周期 $T_m$ は，次式で与えられる．

$$T_m = \frac{4l}{(2m-1)\sqrt{gh}} \tag{3.8}$$

一方，両端が岸壁で閉ざされている水面の副振動の波形は，図-3.8(c) のように両端が腹で水面に節が生じる．図中の波形は1次固有周期の波形を表しており，このときの波長 $L$ は港湾の幅 $b$ の2倍である．したがって $L=2b$ となり，1次の固有周期 $T_1$ は，次式で与えられる．

$$T_1 = \frac{L}{C} = \frac{2l}{\sqrt{gh}} \tag{3.9}$$

一般的に両端が固定の場合には，両固定端で腹になるため，その波長 $L$ は $L=2l/m$ となる．ここで $m$ は固有周期の次数である．したがって，$m$ 次の副振動の周期 $T_m$ は，次式で与えられる．

$$T_m = \frac{2l}{m\sqrt{gh}} \tag{3.10}$$

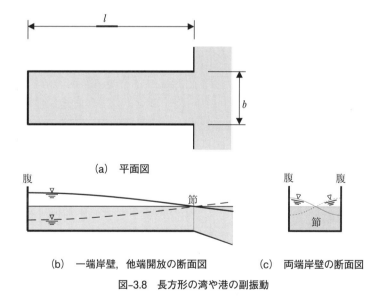

図-3.8 長方形の湾や港の副振動

### 復習問題

1. 低緯度，中緯度，高緯度での1日の潮位変動の概形を図示しなさい．
2. ある海面の主要4分潮は下表の通りであった．平均水面は T.P.＋0.062 m である．このときの略最低低潮面の高さを T.P. で求めなさい．

| 主要4分潮 | 周期（時間） | 振幅（cm） | 遅角（°） |
|---|---|---|---|
| 主太陰半日周潮 （$M_2$） | 12.42 | 48.24 | 154.22 |
| 日月合成日周潮 （$K_1$） | 23.93 | 25.20 | 179.53 |
| 主太陽半日周潮 （$S_2$） | 12.00 | 23.78 | 182.67 |
| 主太陰日周潮 （$O_1$） | 25.82 | 19.80 | 160.98 |

3. 中心気圧 970 hPa の台風が関東地方に襲来した時の東京湾岸の高潮偏差を式（3.4）を用いて求めなさい。ただし，最大風速は 40 m/s とする。

4. リアス海岸のような V 型地形の湾に津波が来襲した。湾口（水深 50 m，幅 500 m）での津波波高が 5 m のとき，湾奥（水深 20 m，幅 200 m）での津波波高を求めなさい。

5. **図-3.8** において，湾口幅 $b = 500$ m，奥行き $l = 2$ km，水深 $h = 20$ m とした時の，長辺方向と短辺方向の湾水振動の 1 次固有周期を求めなさい。

6. 下図のように湾に潮汐が作用した時の湾口と湾奥における潮汐振幅の比率，すなわち波長 $L$ の潮汐が作用した時の $x=0$ と $x=a$ の振幅を比較すると次のようになる。

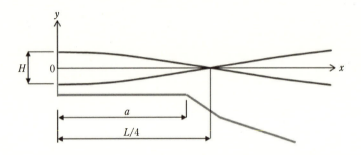

潮汐の水面波形を下式で表す。

$$\eta = \frac{H}{2}\cos(kx - \omega t) = H\cos kx \cos\omega t$$

$x=0$ で振幅が最大になる時刻を $t=t_1$ とすると，

$$\eta_{x=0} = H\cos\omega t_1, \quad \eta_{x=a} = H\cos ka \cos\omega t_1$$

したがって，湾奥での潮位の増幅率 $R$ は次式で与えられる。

$$R = \frac{\eta_{x=0}}{\eta_{x=a}} = \frac{H\cos\sigma t_1}{H\cos ka \cos\sigma t_1} = \frac{1}{\cos ka} = \frac{1}{\cos\dfrac{2\pi a}{L}}$$

この関係を利用して，湾口から湾奥までの距離 50 km，平均水深が 20 m の湾に，主太陰半日周潮（$M_2$：周期 12.42 時間）の潮汐が作用した時の湾奥での増幅率を求めなさい。

# 4 波　　浪

**Key words**

波浪　　風波　　うねり　　風波の発達条件　　最小吹送時間　　最小吹送距離

有義波法（SMB法）　　Wilsonの波浪推算式　　分散性　　ゼロアップクロス法　　レーリー分布

波高と平均波高の比の確率密度関数　　周期と平均周期の確率密度関数

平均波，有義波，最大波の関係　　波のエネルギースペクトル密度　　方向関数

波のエネルギーの方向集中度を表すパラメータ　　波浪のスペクトルの標準形　　極値統計解析

未超過確率　　遭遇確率　　再現期間　　構造物の耐用年数　　極大値の確率分布関数　　確率波高

## 4.1　風波の発生と発達

　海洋の波のうちで風によって生じた周期が1秒から30秒程度の波を**波浪**といい，波浪は風波とうねりからなる。海面に風が作用すると，海面は摩擦で引っ張られ表面張力で元に戻ろうとするので，海面に小さな凹凸のさざ波ができる。このさざ波は表面張力が復元力であるので，表面張力波と呼ばれる（**図-2.5**参照）。表面張力波の小山の風上側の斜面に沿って風は上向きになり，小山の風下側には圧力の低い部分が生じ，この圧力差で表面張力波は風下側に進む。風が吹き続けると，風からエネルギーの供給を受けて，表面張力波の波高と波長は増大し，その波長が1.73 cmを超えると，復元力は重力が卓越した風成の重力波になる。この波が**風波**であり，風波もまた風からのエネルギーの供給により波高，波長，周期を増大させる。この現象を風波の発達という。

　風は風速が速いほどエネルギーが大きいので，風速は風波の発達の一つの条件である。また，その風が吹き続ける時間（吹送時間）と吹いている風域の広さ（吹送距離）も発達の条件である。この3つを**風波の発達条件**という。ただし，吹送時間と吹送距離が十分に長くても，風波の発達には限りがある。波は発達に伴って波頂部での白波や砕波が生じて自らのエネルギーを損失するので，風からのエネルギーが波の損失エネルギーと平衡し，もはや波は発達しない。このような状態にまでに発達した波を，十分に発達した波と呼ぶ。波の性質で述べた水深が波長の1/2より深い深海波では，波形勾配（波高/波長）が1/7以上になると波が砕波するので，風が吹き続ければこの条件までは波発達することになる。

　風域内で風速に応じて発達中の波は，風域内での発生位置から風域の境界まで発達しながら進むが，十分に発達するのに必要な吹送距離$F$や吹送時間$t$が足りなければ，発達途中のままで風域の外に出ることになる。したがって，風域の中では，さまざまな波高$H$や周期$T$の発達途中の波が重なり合った状態で存在する。この状況に対して後に解説する有義波という単一の代表波を導入し，

## 4 波　浪

有義波の変化に着目した波浪推算法が**有義波法**である。有義波法は，有義波を用いているので波浪の周期特性を考慮することができないため，それを改良する方法として多方向波浪スペクトルを用いたスペクトル法がある。ただし，有義波法には，卓越風向に対する波浪推算のような場合には，簡便かつ精度の比較的良い精度での予測ができるという大きな利点がある。そこで，本節では，有義波法について解説することにする。

　有義波法は，最初の開発者（Sverdrup と Munk）と貢献度の高い改良者（Bretschneider）の名前の頭文字を用いて SMB 法とも呼ばれている。また，風速 $U$ の吹送距離（風域）$F$ と吹送時間 $t$ による有義波高 $H_{1/3}$ と有義波周期 $T_{1/3}$ をべき乗で定式した式（4.1），（4.2），（4.3）の **Wilson の波浪推算式** [18] がある。ただし，式中の単位は，$H_{1/3}$：m，$T_{1/3}$：s，$U$：m/s，$F$：km である。

$$\frac{gH_{1/3}}{U^2} = 0.30\left\{1 - \left[1 + 0.004\left(\frac{gF}{U^2}\right)^{1/2}\right]^{-2}\right\} \tag{4.1}$$

$$\frac{gT_{1/3}}{2\pi U} = 1.37\left\{1 - \left[1 + 0.008\left(\frac{gF}{U^2}\right)^{1/3}\right]^{-5}\right\} \tag{4.2}$$

$$t_{\min} = \int_0^F \frac{dx}{C_G} = \int_0^F \frac{dx}{gT_{1/3}(4\pi)} \ ; \ \frac{g\,t_{\min}}{U} = \int_0^{gF/U^2} \frac{d\left(gF/U^2\right)}{gT_{1/3}/(4\pi U)} \tag{4.3}$$

　ここで，$t_{\min}$ は**最小吹送時間**（風域の風上端部で波が発達し始めてから風域の風下端部に到達するまでにかかる時間（式中の $t_{\min}$ 単位は時間））であり，風域の端部での有義波周期をもつ波が吹送距離を伝搬してきたと考え，その波の端部への到達時間なので，吹送距離をその周期の波の群速度で除している。式中の $C_G$ は群速度である。ただし，式（4.3）から $t_{\min}$ を解析的に求めることはできないため，数値積分を用いる必要があるが，文献 18）に掲載された算定図が利用できる。

　この最小吹送時間 $t_{\min}$ の後は，風域内の波の状況は定常である。また，ある吹送時間において波が定常になっている吹送距離を**最小吹送距離** $F_{\min}$ という。実際の風の吹送時間 $t$ が最小吹送時間 $t_{\min}$ より長ければ，発達する波の諸元は吹送距離 $F$ できまり，吹送時間 $t$ が最小吹送時間 $t_{\min}$ より短ければ，発達する波の諸元は最小吹送距離 $F_{\min}$ できまる。

　一方，合田は $gF/U^2 = 50 \sim 50\,000$ の範囲について，式（4.3）の直線近似式，式（4.4）を与えた [19]。本章の復習問題 1 の図は，式（4.1），（4.2），（4.4）を用いて描いた。

$$t_{\min} = 1.0F^{0.73}U^{-0.46} \ ; \ F_{\min} = 1.0t^{1.37}U^{0.63} \tag{4.4}$$

この式（4.4）の近似精度は高いので，前述の算定図を用いることなく Wilson の波浪推算式を計算することができる。すなわち，風速 $U$，吹送距離 $F$ と吹送時間 $t$ が与えられたとき，はじめに式（4.4）により $F_{\min}$ を求め，$F > F_{\min}$ の場合には，波の発達は吹送時間 $t$ で決まるので，吹送距離に $F_{\min}$ を用いて式（4.1），（4.2）で有義波高 $H_{1/3}$ と有義波周期 $T_{1/3}$ を計算する。一方，$F < F_{\min}$ の場合には，波の発達は吹送距離で決まるので，吹送距離に $F$ をそのまま用いて $H_{1/3}$ と $T_{1/3}$ を計算する。

　たとえば，$U = 20\,\text{km}$，$F = 100\,\text{km}$，$t = 10\,\text{hr.}$ の場合，式（4.4）により，$F_{\min} = 155\,\text{km}$ となり，$F$

---

18）　土木学会水理委員会水理公式集改訂小委員会（1999）：水理公式集［平成 11 年版］，丸善，p. 450
19）　合田良實（2012）：海岸工学，技報堂出版，p.50

$<F_{\min}$ なので，吹送距離に $F$ をそのまま用いると，$H_{1/3}=3.7$ m と $T_{1/3}=7.0$ s となる。一方，吹送時間が短く，$U=20$ km，$F=100$ km，$t=5$ hr. の場合，$F_{\min}=60$ km となり，$F>F_{\min}$ なので，吹送距離に $F_{\min}$ を用いると，$H_{1/3}=3.0$ m と $T_{1/3}=6.2$ s となる。

## 4.2 うねりの伝搬

　風域内で十分発達した波も発達途中の波も，風域を出れば風からのエネルギーを受けることはなくなる。風域から出た波は，平面的な広がりの伝搬や海水の粘性の効果によって徐々に減衰して波高が低くなる。また，伝播の過程で，波高や波長が異なる波の重なりは，波長（波速）の違う波ごとに分離する。これは，前章で学んだように，波長の長い波は波長の短い波より波速が早いために生じる現象で，**分散性**という。このために，早く進む波（波長が長い波，周期が長い波）からは小さな凹凸の波（波長が短い波，周期が短い波）がなくなり，波形は滑らかになる。このようにしてできた波が**うねり**である。このような過程を経たうねりは，同じような波高と周期を持った規則的な波の連なりをなして一群で海洋を伝搬する。この波の連なりは波列あるは波群とよばれ，群速度で移動する。**図-4.1** に，波の発生から発達・伝播の間で変化する波の性質の変化を示す。うねりの算定には，次の略算式がある[20]。

$$\frac{(H_{1/3})_D}{(H_{1/3})_F}=\left[\frac{k_1 F_{\min}}{k_1 F_{\min}+D}\right]^{1/2} \tag{4.5}$$

$$\frac{(T_{1/3})_D}{(T_{1/3})_F}=\left[k_2+(1-k_2)\frac{(H_{1/3})_D}{(H_{1/3})_F}\right]^{1/2} \tag{4.6}$$

$$t_D=\frac{4\pi D}{g(T_{1/3})_D} \tag{4.7}$$

　ここで，$k_1=0.4$，$k_2=2.0$，$F_{\min}$：最小吹送距離，$D$：うねりの減衰距離，$(H_{1/3})_D$ と $(T_{1/3})_D$：風域の風下端部での有義波諸元，$(H_{1/3})_F$ と $(T_{1/3})_F$：$D$ を進行した後のうねりの波諸元，$t_D$：うねり

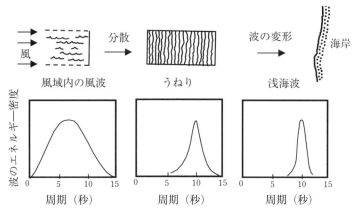

図-4.1　波の発達と伝搬で変化する波の性質（文献 21）を参考に作成）

---

20) 高野洋雄（2011）：有義波法による波浪推算，測候時報，78.5，pp.185–201
21) Paul D. Kommar (1998)：Beach Processes and Sedimentation, 2nd edition, Prentice-Hall, pp.177-178

の到達時間である。なお，うねりの推算も算定図[20]が利用できる。

## 4.3 波浪の統計的性質

波浪は GPS，レーザー，超音波などを用いた計測機器で観測される。GPS を用いた方法は，浮遊するブイに搭載した単独測位 GPS で連続する水面変動すなわち波高，周期，波向などの波の諸元を計測する方法であり，この方法に用いられる計測機器をブイ式波浪計という。レーダーを用いる方法は，陸上に設置した電波の送受波装置から沖合の海面に向かって電波を発射し，海面の動きに応じてドップラー効果で変調した反射波を測定することにより波の諸元を計測する方法であり，この方法に用いられる計測機器をレーダー式波浪計という。超音波を用いる方法は，海中の超音波の伝播速度がほぼ一定であることを利用するもので，海底に超音波の送受波装置を設置し，海底から海面に向かって発射した超音波が，海面から反射波して装置に到達するまでの所要時間から海面までの距離を測定し，その時系列データから波の諸元を求める方法である。この方法に用いられる装置を，超音波式波浪計という。

これらの計測装置で一定の期間に計測された海面位置の時系列の平均値は，その期間の平均水面ということができる。この平均水面まわりの変化は不規則であり，大小さまざまな凸凹を含んでいるので，波高を定義するための方法が必要である。そこで，図-4.2 に示すように，平均水面の交差点を区切りにして，最高位置から最低位置までの高さを波高と定義し，この波を含む交差点間の時間をその波の周期と定義する。交差点の区切り方には2つあり，海面位置の時系列が平均値を上向きに交差する点を採る方法を**ゼロアップクロス法**，下向きに交差する点を採る方法をゼロダウンクロス法という。図-4.2 はゼロアップクロス法を用いたときの例である。このようにして計測期間の海面変動を波の集まりと考える方法を波別解析法という。

この方法で求められるのは，この計測期間の多くの波高と周期の組合せデータの集まりである。この波高と周期のデータの平均値をこの計測期間の平均波高 $H_m$ と平均周期 $T_m$ という。また，波高と周期の組合せを変えずに，波高が大きい順にこの組み合わせを並べかえ，最も波高の高い波の波高と周期を $H_{max}$，$T_{max}$ と表し，この波を最高波という。また，波高の大きいほうから，波高と周期の組合せを維持して，全体の $1/n$ を取り出して平均した波の波高と周期を $H_{1/n}$，$T_{1/n}$ と表し，この波を $1/n$ 最大波という。とくに 1/10 最大波と 1/3 最大波が良く用いられ，1/3 最大波は有義波

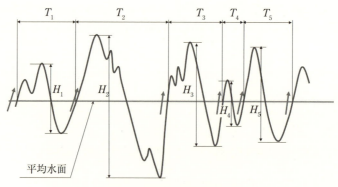

**図-4.2 波高と周期の算出方法**

といい，その波高 $H_{1/n}$ を有義波高，周期 $T_{1/n}$ を有義波周期という。以上の波を波浪の代表値という。

ある一定の期間に観測された各**波高と平均波高の比の確率密度関数**は，次式の**レーリー分布**で表される[22]。

$$p(x) = \frac{\pi}{2} x \exp\left\{-\frac{\pi}{4}x^2\right\} : x = \frac{H}{H_m} \tag{4.8}$$

また，各周期と平均周期の比の2乗の確率密度関数もまた，次式のようにレーリー分布で表される。

$$p(y) = 2.7 y^2 \exp\left\{-0.675 y^4\right\} : y = \frac{T}{T_m} \tag{4.9}$$

## 4.4 確率密度関数と代表波

式（4.8）は**図-4.3**に示す確率密度関数であり，$p(x)dx$ は，$x$ が $x$ と $x+dx$ の間の値をとる確率を表している。したがって，任意の $x$ よりも大きな値が出現する確率，すなわち超過確率 $P(x)$ は次式で表される。

$$P(x) = \int_x^\infty p(\xi)d\xi = 1 - \int_0^x p(\xi)d\xi = \exp\left\{-\frac{\pi}{4}x^2\right\} \tag{4.10}$$

式（4.10）は**図-4.4**の曲線である。ここで，式（4.10）を用いて，$1/n$ 最大波と平均波の関係を求めてみる。$1/n$ 最大波は**未超過確率**が $1/n$ 以上の波の平均値であるので，式（4.10）から，$P(x_n) = \frac{1}{n} = \exp\left\{-\frac{\pi}{4}x_n^2\right\}$ となり，$x_n = \sqrt{\frac{4\ln n}{\pi}}$ である。

**図-4.4** において $P(x_n) = \frac{1}{n}$ 以上の範囲の平均値の $x$ が $\frac{H_{1/n}}{H_m}$ である。したがって，$x_{1/n} = \frac{H_{1/n}}{H_m}$ とおけば，

$$x_{1/n} = \frac{H_{1/n}}{H_m} = \frac{\int_{x_n}^\infty x P(x)dx}{\int_{x_n}^\infty P(x)dx} = \sqrt{\frac{4\ln n}{\pi}} + \frac{1}{\sqrt{\pi \ln n}}\left\{1 - \frac{1}{4\ln n}\right\} \tag{4.11}$$

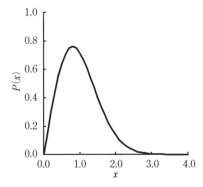

図-4.3 波高の確率密度関数

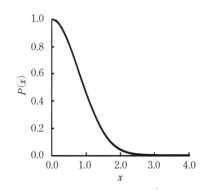

図-4.4 波高の未超過確率関数

---

22) 合田良實（2008）：耐波工学，2. 海の波の統計的性質とスペクトル，鹿島出版会，p.15

ここで，$n=3$ と 10，すなわち有義波高 $H_{1/3}$ と 1/10 最大波を計算すると，

$$x_{1/3} = \frac{H_{1/3}}{H_m} \cong 1.60 \tag{4.12}$$

$$x_{1/10} = \frac{H_{1/10}}{H_m} \cong 2.03 \tag{4.13}$$

となる。

また，最高波や周期についても次のような関係が導かれている。ここで，$N$ は観測した波の数である。

$$\frac{H_{max}}{H_{1/3}} \approx 0.706\sqrt{\ln N} \tag{4.14}$$

$$\frac{T_m}{T_{1/3}} = 0.822 \tag{4.15}$$

ここで，ナウファスによって観測された図-4.5 の波浪データ[23]を例として，その解析結果と式（4.12），（4.13）の値や式（4.14），（4.15）による計算結果を比較する。

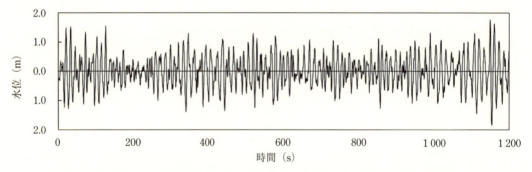

図-4.5　波浪データの例（鹿島での 2014 年 10 月 13 日午前 0 時 00 分から 20 分間の観測値）

この例では，データ数は 2 400 でありゼロアップクロス法で波別解析を行った結果，波数は 128 となり，平均波，有義波，最高波は以下の通りであった。

$H_m = 1.3\text{m}$ , $T_m = 9.3\text{s}$

$H_{1/3} = 2.1\text{m}$ , $T_{1/3} = 12.6\text{s}$

$H_{max} = 3.6\text{m}$ , $T_{max} = 10.5\text{s}$

次に，波別解析結果の波高と周期の確率密度と確率密度関数を比較すると，図-4.6 のようになり，この場合，波数が 128 個と少ないが両者は比較的よく一致している。

また，**平均波，有義波，最大波の関係**を式（4.12）～（4.15）と比較すると次のようになり，理論値とほぼ同程度の値となる。

$\dfrac{H_{1/3}}{H_m} = 1.62$ , $\dfrac{H_{max}}{H_{1/3}} = 1.74$ , $\dfrac{H_{max}}{H_{1/3}} = 0.706\sqrt{\ln N} = 1.56$ , $\dfrac{T_m}{T_{1/3}} = 0.742$

---

[23] ここで用いた波浪データは，国土交通省港湾局によって観測され，港湾空港技術研究所で処理された結果を，国土交通省港湾局技術企画課から提供いただいた。

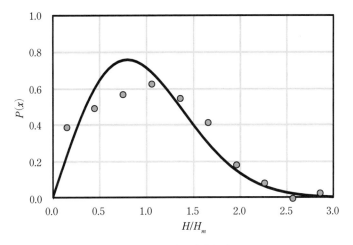

**図-4.6 波高の確率密度**

　以上は，不規則波の波高と周期の確率密度関数とそれらから導かれる代表波の関係を示しており，最高波と有義波の関係は確率量として $N$ の値で変化するが，防波堤（混成堤）の設計には $H_{\max} = 1.8H_{1/3}$，海洋構造物の設計では $H_{\max} = 2.0H_{1/3}$ というような確定値を用いることが多い．

## 4.5　波浪のスペクトル

　不規則な時系列データは，振幅，周期（周波数），位相のことなる多くの三角関数の重ね合わせで表すことができる．これは数学の一分野の調和解析の理論に基づく方法であり，海の波に対しては，高速フーリエ変換がよく用いられる．計測された波浪データ（計測時間内の海面水位の平均値まわりの水位変動）$\eta(t)$ を振幅 $a_i$，周波数 $f_i$，位相 $\varepsilon_i$ をもつ三角関数に分解すると，$\eta(t)$ は次式のように表せる．

$$\eta(t) = \sum_{i=1}^{n} a_i \cos(2\pi f_i t - \varepsilon_i) \tag{4.16}$$

　ここで，成分波の周期を $T_i$ とすれば，その周波数は $f_i = 1/T_i$ であり，$\varepsilon_i$ は位相角を表す．

　この周波数 $f_i$ の成分波の振幅は振幅 $a_i$ であるので，この波のもつエネルギーは，式（2.15）より，$E_i = \rho g H_i^2/8 = \rho g a_i^2/2$ である．ある周波数 $f$ の**波のもつエネルギースペクトル密度**（周波数スペクトル）を $S(f)$ とおくと，周波数 $f$ と $f+\delta f$ の間の成分波が持つ全エネルギーは $S(f)\delta f$ であるので，次式が得られる．ここで，一般の標記に従い $\rho g$ は取除いて表した[24]．

$$\sum_{f}^{f+\delta f} \frac{a_i^2}{2} = S(f)\delta f \tag{4.17}$$

　この式は単一方向波の波について表したものであり，波浪は多方向波であるから，そのエネルギースペクトル密度は，周波数と方向の関数として，$S(f,\theta)$ と表される．この多方向波のエネルギースペクトル密度関数 $S(f,\theta)$ は，方向スペクトルとも呼ばれ，これを全周方向で積分すると $S(f)$

---

24) 合田良實（2008）：耐波工学，2. 海の波の統計的性質とスペクトル，鹿島出版会，p.211

## 4 波　浪

に等しくなる。

$$S(f) = \int_{-\pi}^{\pi} S(f,\theta)\,d\theta \tag{4.18}$$

また，$S(f,\theta)$ は $S(f)$ を用いて次式のように表される。

$$S(f,\theta) = S(f)G(f,\theta) \tag{4.19}$$

ここで，$G(f,\theta)$ は**方向関数**といわれ，その標準形には次式がある[25]。この式は光易型方向関数とも呼ばれる。

$$G(f,\theta) = G_0 \cos^{2S}\left(\frac{\theta - \theta_0}{2}\right) \tag{4.20}$$

ここで，$\theta_0$ は方向関数のピーク波向，$G_0$ は定数，$S$ は**波のエネルギーの方向集中度を表すパラメータ**であり，それぞれ次式で表される。

$$G_0 = \left[\int_{\theta_{\min}}^{\theta_{\max}} \cos^{2S}\left(\frac{\theta - \theta_0}{2}\right)d\theta\right]^{-1} \tag{4.21}$$

$$S = S_{\max}\left(\frac{f}{f_p}\right)^5 : f \le f_p, \quad S = S_{\max}\left(\frac{f}{f_p}\right)^{-2.5} : f > f_p \tag{4.22}$$

$$S_{\max} = 11.5\left(\frac{2\pi f_p U_{10}}{g}\right)^{-2.5} \tag{4.23}$$

ここで，$[\theta_{\min}, \theta_{\max}]$ は波の来襲する方向角の範囲であり，$S_{\max}$ は $S$ の最大値，$f_p$ は周波数スペクトルのピーク周波数，$U_{10}$ は高さ 10 m における風速である。また，$S_{\max}$ については，次の値が良く用いられる。

① 風波：$S_{\max} = 10$

② 減衰距離が短いうねり（波形勾配が比較的大）：$S_{\max} = 25$

③ 減衰距離が長いうねり（波形勾配が比較的小）：$S_{\max} = 75$

ここで，波高と周波数スペクトの関係を示す。波の周波数スペクトルの全週波数にわたる積分は，波形の分散に等しいので，次式を得る。

$$\overline{\eta^2} = m_0 = \int_x^{\infty} S(f)\,df \tag{4.24}$$

$$m_n = \int_x^{\infty} f^{\eta} S(f)\,df, \quad (n = 0, 1, 2, \ldots) \tag{4.25}$$

波形の標準偏差 $\eta_{rms}$ は，波形の 2 乗平均平方根であるので，

$$\eta_{rms} = \sqrt{\overline{\eta^2}} = \sqrt{m_0} \tag{4.26}$$

また，有義波高は次式で与えられる。

$$H_{1/3} = 4.004\sqrt{m_0} \tag{4.27}$$

次に，周期と周波数スペクトルの関係は次式で与えられる。

$$T_m = \frac{m_2}{m_0} \tag{4.28}$$

---

25) 土木学会水理委員会水理公式集改訂小委員会（1999）：水理公式集［平成 11 年版］，丸善，pp.445–446

## 4.6 波浪のスペクトルの標準形

従来から海域や海象に応じた周波数スペクトル $S(f)$ の標準形が提案されており，Pierson–Moskowitz スペクトル，Bretschneider–光易スペクトル，JONSWAP スペクトルなどがある[26]。Pierson–Moskowitz スペクトルは，外洋で十分に発達し，吹送距離とは無関係になった風波のスペクトル，Bretschneider–光易スペクトルは，有限吹送距離の中で発達途中の風波のスペクトル，JONSWAP スペクトルは，北海での観測結果に基づく有限吹送距離の中で発達途中の風波のスペクトルである。これらのうち，海岸工学において沖波のスペクトルとして比較的よく用いられるのは，Bretschneider・光易型スペクトル[27]であり，次式で示される。

$$S(f) = 0.257 H_{1/3}^2 T_{1/3}^{-4} f^{-5} \exp\left\{-1.03\left(T_{1/3}\right)^{-4}\right\} \tag{4.29}$$

この式（4.29）と前節 4.4 で用いたナウファスの観測データの周波数スペクトルの比較が**図-4.7**である。周波数ごとにエネルギーのばらつきがあるが，その分布はほぼ一致している。

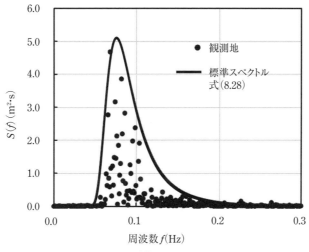

図-4.7　周波数スペクトルの例

## 4.7 高波との遭遇確率

**構造物の耐用年数**は，物理的，経済的，法定，機能的な耐用年数の順に分けて考えられ，この順にその期間が短くなる。物理的耐用年数とは，構造物が劣化して構造設計の限界状態の性能を満たさなくなる年数，経済的耐用年数とは修復や修繕の費用が改築の費用を上回る状態になる年数，法定耐用年数とは税法で決められた年数，機能的耐用年数は，構造物の使用性能の陳腐化を補修や修繕によっても補えない状態になる年数であると考えられる。ここではこの物理的な耐用年数を対象

---

26) 増田光一・居駒知樹・惠藤浩明（2016）：水波工学の基礎，成山堂書店，pp.76–80
27) 合田良實（2008）：耐波工学，鹿島出版会，p.20

にする。

　構造物の設計では，ある一定期間内で生じると予想される最大値を確率的に求めて設計荷重の算出に用いる。ある一定の期間を**再現期間**，予想される最大値を再現期待値とよぶ。再現期待値の対象になるのは，波の波高，風の風速，地震の加速度などである。この再現期待値が設計条件であり，ここでは，設計波を対象とする。再現期間 $R_P$ は，確率の定義に従うと，ある事象が発生する平均時間間隔であり，設計では，1 年を基本単位として，再現期間 $R_P$ の間に遭遇するかもしれない極大値である最高波，すなわち，再現期間 $R_P$ のうちに 1 年は遭遇する最高波を設計波に設定する。

　1 年でこの最高波に遭遇する確率は，$1/R_P$ であり，この最高波を上回る値に遭遇しない確率，すなわち未超過確率は $1-1/R_P$ である。ここで考えていることは反復試行なので，耐用年数 $L$ の間にこの最高波を上回る高波に遭遇しない確率は $(1-1/R_P)^L$ と表される。一方で，耐用年数 $L$ の間にこの最高波を上回る高波に遭遇する確率は，遭遇確率 $E$ といわれ，次式で与えられ，これにより計算される耐用年数 $L$，再現期間 $R_P$，**遭遇確率 $E$** の関係を**表-4.1** に示す。

$$E = 1 - \left(1 - \frac{1}{R_P}\right)^L \tag{4.30}$$

　たとえば，耐用年数 $L$ が 50 年の構造物に対して，50 年の間のある年に，再現期間 $R_P$ が 100 年の高波を超える波に遭遇する確率は，0.395 であるが，再現期間が 30 年の高波に遭遇する確率は 0.636 であり，遭遇しない確率 0.364（＝ 1−0.636）よりも大きい。したがって，構造物の安全性を高めるためには，遭遇確率 $E$ が低くなるように再現期間 $R_P$ を長く設定した高波を設定すればよいことになる。ただし，遭遇確率 $E$ や再現期間 $R_P$ は，設計条件で設定した高波での構造物の建設費用と，その条件を超える高波で構造物が損傷したときの補修費や周囲への被害の代償を比較した便益を考え併せて設定される。

　再現期間 $R_P$ に対する極大値，すなわち設計波（確率波）は，**極値統計解析**によって決定される。極値統計解析には，たとえば $K$ 年間の観測された $N$ 個の高波の波高 $H_n(n=1 \sim N)$ が用いられる。この解析では，はじめに，これらの最高波高 $H_n$ のそれぞれについてその値を超えない確率，すなわち，未超過確率 $P(H_n)$ を求める。この未超過確率 $P(H_n)$ は，**極大値の確率分布関数**によって計

表-4.1　耐用年数 $L$ と再現期間 $R_P$ に対する遭遇確率 $E$

| $R_P$ ＼ $L$ | 10 | 20 | 30 | 40 | 50 | 60 | 70 | 80 | 90 | 100 |
|---|---|---|---|---|---|---|---|---|---|---|
| 10 | 0.651 | 0.878 | 0.958 | 0.985 | 0.995 | 0.998 | 0.999 | 1.000 | 1.000 | 1.000 |
| 20 | 0.401 | 0.642 | 0.785 | 0.871 | 0.923 | 0.954 | 0.972 | 0.983 | 0.990 | 0.994 |
| 30 | 0.288 | 0.492 | 0.638 | 0.742 | 0.816 | 0.869 | 0.907 | 0.934 | 0.953 | 0.966 |
| 40 | 0.224 | 0.397 | 0.532 | 0.637 | 0.718 | 0.781 | 0.830 | 0.868 | 0.898 | 0.920 |
| 50 | 0.183 | 0.332 | 0.455 | 0.554 | 0.636 | 0.702 | 0.757 | 0.801 | 0.838 | 0.867 |
| 100 | 0.096 | 0.182 | 0.260 | 0.331 | 0.395 | 0.453 | 0.505 | 0.552 | 0.595 | 0.634 |
| 150 | 0.065 | 0.125 | 0.182 | 0.235 | 0.284 | 0.331 | 0.374 | 0.414 | 0.452 | 0.488 |
| 200 | 0.049 | 0.095 | 0.140 | 0.182 | 0.222 | 0.260 | 0.296 | 0.330 | 0.363 | 0.394 |
| 500 | 0.020 | 0.039 | 0.058 | 0.077 | 0.095 | 0.113 | 0.131 | 0.148 | 0.165 | 0.181 |
| 1 000 | 0.010 | 0.020 | 0.030 | 0.039 | 0.049 | 0.058 | 0.068 | 0.077 | 0.086 | 0.095 |
| 2 000 | 0.005 | 0.010 | 0.015 | 0.020 | 0.025 | 0.030 | 0.034 | 0.039 | 0.044 | 0.049 |

**表-4.2　極大値の確率分布関数**

| 分布関数名 | Gumbel の分布関数 | Weibull の分布関数 |
|---|---|---|
| 未超過確率の関数 | $P(H) = \exp\left[-\exp\left(-\dfrac{H-B}{A}\right)\right]$ | $P(H) = 1 - \exp\left[-\left(\dfrac{H-B}{A}\right)^k\right]$ |
| プロッティング公式と係数 | $P(H_n) = 1 - \dfrac{n-\alpha}{N+\beta}$<br><br>$n = 1, 2, 3, \cdots, N$（降順）<br>$\alpha = 0.44,\ \beta = 0.12$ | $P(H_n) = 1 - \dfrac{n-\alpha}{N+\beta}$<br><br>$\alpha = 0.20 + \dfrac{0.27}{\sqrt{k}}$<br><br>$\beta = 0.20 + \dfrac{0.23}{\sqrt{k}}$<br><br>$k = 0.75,\ 1.0,\ 1.4,\ 2.0$ |
| 基準化変量 | $F_n = -\ln\left[-\ln\left(P(H_n)\right)\right]$ | $F_n = \left[-\ln\left(1 - P(H_n)\right)\right]^{1/k}$ |

算される。この確率分布関数には，**表-4.2** に示した Gumbel の分布関数や Weibull の分布関数がよく用いられ，それぞれの分布関数に対して，同表に示したプロッティング公式と係数を用いて未超過確率 $P(H_n)$ と基準化変量 $F_m$ を計算し，最高波高 $H_n$ と基準化変量 $F_n$ の線形回帰式の相関がもっと良い分布関数を設計波の算定に用いる。

一方，再現期間 $R_p$ と未超過確率 $P$ には，次の関係がある。

$$P = 1 - \frac{1}{\lambda R_p}, \quad \lambda = \frac{N}{K} \tag{4.31}$$

ここで，$K$：解析したデータの期間である。$\lambda$ は平均発生率であり，たとえば，$K = 30$ 年間で 3 m 以上の高波を $N = 60$ 個観測したときは，この期間の 3m 以上の高波の平均発生率は $\lambda = 2.0$ である。式（4.30）の関係から設計条件で定めた再現期間 $R_p$ に対する未超過確率 $P$ を求め，これに対する基準化変量 $F$ と，先に求めた線形回帰式から波高 $H$ を求める。この波高 $H$ が，再現期間 $R_p$ に対する設計波の波高である。設計波の周期は，解析に用いた各年の最高波の波高と周期の関係を回帰して求めることができる。

以上の推定過程を 1972 年から 1999 年の 27 年間に鹿島沖で観測された**表-4.3** の高波データ[28] を基にして示す。計算の例として，Gumbel の分布関数と Weibull の分布関数（$k = 1.4$）を示した。このときの波高 $H_n$ と基準化変量 $F_n$ の線形回帰式の勾配 $A$ と切片 $B$，再現期間 $R_p = 10,\ 30,\ 50,$ 100 年の確率波の波高を**表-4.4** に示す。この例では，Weibull の分布関数（$k = 1.4$）の方が線形回帰式の相関係数が高くなっているので，Weibull の分布関数（$k = 1.4$）の確率波を設計波とすることになる。ただし，本来は，すべての Weibull の分布関数の $k$ の値について計算し，線形回帰式の相関係数が最も高い分布関数の計算結果を用いて設計波を算定する。

---

28)　港湾空港技術研究所（2002）：全国港湾海洋波浪観測 30 か年統計（NOWPHAS1970–1999），港湾空港技術研究所資料，No.1035，p.279

# 4 波　浪

表-4.3　極値統計解析による確率波高の解析過程（未超過確率の算定）

| 順位 | 最高波 | | グンベル分布 | | ワイブル分布 ($k=1.4$) | |
|---|---|---|---|---|---|---|
| | 波高（m） | 周期（s） | $P(H_n)$ | $F_n$ | $P(H_n)$ | $F_n$ |
| 1 | 10.31 | 10.50 | 0.9814 | 3.9756 | 0.9812 | 2.6789 |
| 2 | 9.84 | 13.00 | 0.9482 | 2.9340 | 0.9483 | 2.1719 |
| 3 | 9.72 | 9.80 | 0.9150 | 2.4211 | 0.9154 | 1.9075 |
| 4 | 9.61 | 9.30 | 0.8818 | 2.0732 | 0.8825 | 1.7226 |
| 5 | 9.6 | 10.50 | 0.8486 | 1.8069 | 0.8496 | 1.5783 |
| 6 | 9.51 | 13.50 | 0.8154 | 1.5893 | 0.8167 | 1.4587 |
| 7 | 9.37 | 12.00 | 0.7822 | 1.4039 | 0.7838 | 1.3559 |
| 8 | 9.34 | 13.60 | 0.7490 | 1.2413 | 0.7509 | 1.2651 |
| 9 | 9.31 | 8.70 | 0.7158 | 1.0956 | 0.7180 | 1.1833 |
| 10 | 9.12 | 12.20 | 0.6826 | 0.9627 | 0.6851 | 1.1087 |
| 11 | 9.08 | 11.80 | 0.6494 | 0.8400 | 0.6522 | 1.0397 |
| 12 | 8.93 | 9.50 | 0.6162 | 0.7253 | 0.6193 | 0.9754 |
| 13 | 8.73 | 11.50 | 0.5830 | 0.6170 | 0.5864 | 0.9148 |
| 14 | 8.56 | 7.80 | 0.5498 | 0.5138 | 0.5535 | 0.8574 |
| 15 | 8.29 | 11.00 | 0.5166 | 0.4148 | 0.5206 | 0.8027 |
| 16 | 8.01 | 10.00 | 0.4834 | 0.3190 | 0.4877 | 0.7503 |
| 17 | 7.93 | 18.80 | 0.4502 | 0.2256 | 0.4548 | 0.6997 |
| 18 | 7.82 | 14.10 | 0.4170 | 0.1339 | 0.4219 | 0.6507 |
| 19 | 7.77 | 13.50 | 0.3838 | 0.0433 | 0.3890 | 0.6031 |
| 20 | 7.65 | 10.50 | 0.3506 | −0.0470 | 0.3561 | 0.5565 |
| 21 | 7.63 | 10.30 | 0.3174 | −0.1377 | 0.3232 | 0.5107 |
| 22 | 7.61 | 10.70 | 0.2842 | −0.2296 | 0.2903 | 0.4655 |
| 23 | 7.51 | 12.00 | 0.2510 | −0.3238 | 0.2574 | 0.4207 |
| 24 | 7.36 | 7.20 | 0.2178 | −0.4215 | 0.2245 | 0.3760 |
| 25 | 7.34 | 8.30 | 0.1846 | −0.5245 | 0.1916 | 0.3310 |
| 26 | 7.28 | 13.50 | 0.1514 | −0.6354 | 0.1587 | 0.2853 |
| 27 | 7.25 | 10.30 | 0.1182 | −0.7587 | 0.1258 | 0.2385 |
| 28 | 7.21 | 13.90 | 0.0850 | −0.9023 | 0.0929 | 0.1896 |
| 29 | 7.16 | 12.00 | 0.0518 | −1.0854 | 0.0600 | 0.1370 |
| 30 | 7.09 | 7.50 | 0.0186 | −1.3825 | 0.0271 | 0.0767 |

表-4.4　極値統計解析による確率波高の解析過程（線形回帰式と確率波高の算定）

| 分布関数 | | グンベル分布 | | ワイブル分布 ($k=1.4$) | |
|---|---|---|---|---|---|
| $H_n$ と $F_n$ の<br>線形回帰式 | 勾配 $A$ | 0.7684 | | 1.4889 | |
| | 勾配 $A$ | 7.9654 | | 7.0425 | |
| | 相関係数 | 0.9524 | | 0.9542 | |
| 再現期間（年） | 未超過確率<br>$P$ | $F_n$ | $H$（m） | $F_n$ | $H$（m） |
| 10 | 0.9067 | 2.323 | 9.75 | 1.853 | 9.8 |
| 30 | 0.9689 | 3.4544 | 10.62 | 2.432 | 10.66 |
| 50 | 0.9813 | 3.9716 | 11.02 | 2.6827 | 11.04 |
| 100 | 0.9907 | 4.6695 | 11.55 | 3.0086 | 11.52 |

## 復習問題

1. 4.1 において示した次の例について，水理公式集［平成11年版］，p.450 の図を用いて有義波高と有義波周期を求め，結果を比較しなさい．
   (1) $U = 20$ km, $F = 100$ km, $t = 10$ hr. の場合
   (2) $U = 20$ km, $F = 100$ km, $t = 5$ hr. の場合

   水理公式集［平成11年度版］（p. 450）の図は波高，周期，吹送時間が細かく描かれているので，説明用に式（4.1），（4.2），（4.4）を用いて描いたものが下図である．

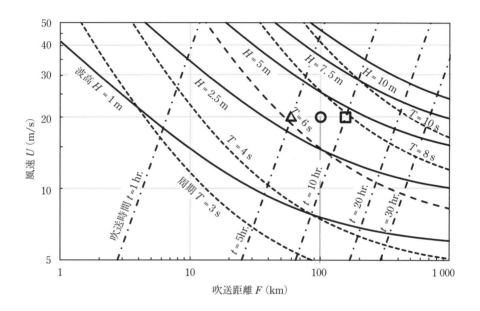

この図を用いて利用方法を以下に説明する．
   1) 吹送距離 $F = 100$ km と風速 $U = 20$ m/s の交点（〇印）の波高と周期を読み取る．
   2) 吹送時間 $t = 10$ hr. と風速 $U = 20$ m/s の交点（□印）の波高と周期を読み取る．

   この場合，風速 $U = 20$ m/s の風で発達した波が，風域の風下側端部に到達する時間は，吹送時間 $t = 10$ hr. より短いため，このときの波高と周期は，風速 $U = 20$ m/s と離吹送距離 $F = 100$ km の交点（〇印）の値になる．一方，問題（2）の場合には，吹送時間 $t = 5$ hr. では，発達した波は風域の下手側端部に到達しないうちに風が吹かなくなるので，それ以上は波は発達しない．したがって，このときの波高と周期は，吹送時間 $t = 5$ hr. と風速 $U = 20$ m/s の交点（△印）の値となる．水理公式集［平成11年度版］（p.450）の図からも読み取りなさい．

2. 下表のデータを用いて波高と平均波高比の確率密度を計算し，式（4.8）の計算結果とともにグラフを描いて比較しなさい．

| $n$ | $H$ (m) | $T$ (s) | $H/H_m$ | $n$ | $H$ (m) | $T$ (s) | $H/H_m$ | $n$ | $H$ (m) | $T$ (s) | $H/H_m$ | $n$ | $H$ (m) | $T$ (s) | $H/H_m$ | $n$ | $H$ (m) | $T$ (s) | $H/H_m$ |
|---|---|---|---|---|---|---|---|---|---|---|---|---|---|---|---|---|---|---|---|
| 1 | 3.62 | 10.5 | 2.81 | 26 | 1.91 | 15.5 | 1.48 | 51 | 1.49 | 11.0 | 1.16 | 76 | 1.06 | 9.0 | 0.82 | 101 | 0.58 | 7.5 | 0.45 |
| 2 | 2.90 | 12.5 | 2.25 | 27 | 1.89 | 13.0 | 1.47 | 52 | 1.45 | 13.5 | 1.13 | 77 | 1.05 | 7.0 | 0.82 | 102 | 0.55 | 3.0 | 0.43 |
| 3 | 2.77 | 12.5 | 2.15 | 28 | 1.85 | 11.5 | 1.44 | 53 | 1.39 | 10.0 | 1.08 | 78 | 1.02 | 7.5 | 0.79 | 103 | 0.52 | 3.5 | 0.40 |
| 4 | 2.74 | 13.0 | 2.13 | 29 | 1.85 | 9.5 | 1.44 | 54 | 1.37 | 11.0 | 1.07 | 79 | 1.00 | 6.5 | 0.78 | 104 | 0.49 | 4.0 | 0.38 |
| 5 | 2.58 | 12.5 | 2.01 | 30 | 1.81 | 15.0 | 1.41 | 55 | 1.36 | 8.0 | 1.06 | 80 | 0.98 | 12.5 | 0.76 | 105 | 0.48 | 6.5 | 0.38 |
| 6 | 2.55 | 9.5 | 1.98 | 31 | 1.79 | 12.5 | 1.39 | 56 | 1.36 | 12.5 | 1.06 | 81 | 0.97 | 7.5 | 0.75 | 106 | 0.47 | 5.5 | 0.37 |
| 7 | 2.47 | 12.5 | 1.92 | 32 | 1.78 | 14.0 | 1.38 | 57 | 1.34 | 8.0 | 1.04 | 82 | 0.93 | 5.5 | 0.72 | 107 | 0.46 | 6.5 | 0.36 |
| 8 | 2.45 | 12.5 | 1.90 | 33 | 1.73 | 12.5 | 1.34 | 58 | 1.33 | 14.5 | 1.03 | 83 | 0.91 | 8.0 | 0.71 | 108 | 0.46 | 9.5 | 0.36 |
| 9 | 2.38 | 8.5 | 1.85 | 34 | 1.72 | 10.5 | 1.34 | 59 | 1.31 | 13.5 | 1.02 | 84 | 0.90 | 13.0 | 0.70 | 109 | 0.43 | 6.5 | 0.33 |
| 10 | 2.34 | 12.0 | 1.82 | 35 | 1.71 | 12.5 | 1.33 | 60 | 1.31 | 10.0 | 1.02 | 85 | 0.87 | 9.0 | 0.68 | 110 | 0.42 | 6.0 | 0.33 |
| 11 | 2.30 | 12.5 | 1.79 | 36 | 1.70 | 13.5 | 1.32 | 61 | 1.30 | 15.0 | 1.01 | 86 | 0.87 | 6.5 | 0.68 | 111 | 0.41 | 4.0 | 0.32 |
| 12 | 2.22 | 12.5 | 1.73 | 37 | 1.68 | 12.5 | 1.31 | 62 | 1.30 | 10.0 | 1.01 | 87 | 0.84 | 10.5 | 0.65 | 112 | 0.40 | 6.0 | 0.31 |
| 13 | 2.19 | 15.0 | 1.70 | 38 | 1.63 | 15.5 | 1.27 | 63 | 1.30 | 11.5 | 1.01 | 88 | 0.84 | 4.0 | 0.65 | 113 | 0.39 | 4.5 | 0.30 |
| 14 | 2.17 | 14.0 | 1.69 | 39 | 1.63 | 12.5 | 1.27 | 64 | 1.28 | 8.5 | 1.00 | 89 | 0.84 | 6.5 | 0.65 | 114 | 0.36 | 5.5 | 0.28 |
| 15 | 2.16 | 13.5 | 1.68 | 40 | 1.62 | 11.5 | 1.26 | 65 | 1.26 | 13.5 | 0.98 | 90 | 0.79 | 6.5 | 0.61 | 115 | 0.31 | 3.5 | 0.24 |
| 16 | 2.08 | 8.5 | 1.62 | 41 | 1.60 | 13.0 | 1.24 | 66 | 1.24 | 14.5 | 0.96 | 91 | 0.77 | 8.5 | 0.60 | 116 | 0.30 | 3.5 | 0.23 |
| 17 | 2.07 | 11.0 | 1.61 | 42 | 1.60 | 14.0 | 1.24 | 67 | 1.23 | 9.0 | 0.96 | 92 | 0.77 | 8.0 | 0.60 | 117 | 0.29 | 3.0 | 0.23 |
| 18 | 2.05 | 12.5 | 1.59 | 43 | 1.58 | 8.5 | 1.23 | 68 | 1.21 | 9.5 | 0.94 | 93 | 0.76 | 5.5 | 0.59 | 118 | 0.27 | 4.5 | 0.21 |
| 19 | 2.04 | 14.0 | 1.59 | 44 | 1.57 | 9.0 | 1.22 | 69 | 1.21 | 12.5 | 0.94 | 94 | 0.76 | 11.0 | 0.59 | 119 | 0.25 | 3.5 | 0.19 |
| 20 | 2.04 | 11.0 | 1.59 | 45 | 1.55 | 12.0 | 1.20 | 70 | 1.20 | 13.5 | 0.93 | 95 | 0.72 | 6.5 | 0.56 | 120 | 0.20 | 2.5 | 0.16 |
| 21 | 2.00 | 13.5 | 1.55 | 46 | 1.55 | 11.0 | 1.20 | 71 | 1.19 | 11.5 | 0.93 | 96 | 0.63 | 4.0 | 0.49 | 121 | 0.18 | 2.5 | 0.14 |
| 22 | 1.96 | 14.0 | 1.52 | 47 | 1.54 | 10.0 | 1.20 | 72 | 1.15 | 6.5 | 0.89 | 97 | 0.63 | 6.0 | 0.49 | 122 | 0.11 | 2.5 | 0.09 |
| 23 | 1.96 | 14.0 | 1.52 | 48 | 1.53 | 10.0 | 1.19 | 73 | 1.10 | 11.0 | 0.86 | 98 | 0.63 | 4.0 | 0.49 | 123 | 0.09 | 2.5 | 0.07 |
| 24 | 1.95 | 12.0 | 1.52 | 49 | 1.50 | 11.0 | 1.17 | 74 | 1.09 | 8.5 | 0.85 | 99 | 0.61 | 5.5 | 0.47 | 124 | 0.06 | 2.0 | 0.05 |
| 25 | 1.93 | 14.5 | 1.50 | 50 | 1.49 | 8.0 | 1.16 | 75 | 1.07 | 11.0 | 0.83 | 100 | 0.58 | 11.5 | 0.45 | 125 | 0.02 | 1.0 | 0.02 |

3. 海域の波浪諸元が，$H_{1/3} = 3.7\,\mathrm{m}$ と $T_{1/3} = 7.0\,\mathrm{s}$ のときの波のエネルギースペクトルを式（4.29）を用いて計算し，図示しなさい．

4. 構造物の耐用年数を 50 年としたとき，高波の再現期間をパラメータにして遭遇確率を計算し，図示しなさい．

# 5 海岸付近の波の変形

### Key words

屈折　スネルの法則　屈折係数　回折　回折係数　方向分散法
波のエネルギーの累加曲線　換算沖波　浅水変形　浅水係数　砕波
砕波帯相似パラメータ　崩れ波砕波　巻き波砕波　砕け寄せ波砕波　波向線法
エネルギー平衡方程式　ヘルムホルツの方程式　緩勾配方程式　非定常緩勾配方程式
数値波動解析法　非定常緩勾配不規則波動方程式　放物型波動方程式　非線形長波方程式
ブシネスク方程式　3次元数値波動水槽（CADMAS-SURF）

　2章2.3で示したように水深が波長の1/2より深い海域では，波は海底の影響を受けずに進行するが，水深が波長の1/2より浅い海域に到達すると波は海底の影響をうけて，波速が遅くなり，波高，波長，波向きに変化が生じる。このことを波の変形と呼び，波向と等深線がなす角度および水深の変化による波の変形を**屈折**，島や構造物などの背後に波が回り込むことによる変形を**回折**，水深が浅くなることによる変形を**浅水変形**，その過程で波が砕ける変形を**砕波**といい，構造物による反射や透過という変形もある。

## 5.1　波の屈折

　等深線に対して波が斜めに入射すると，同一の波峰の波が水深の異なる海域を進行することになる。そのために，同一の波峰の波であってもその水深に応じて波速が異なることになる。水深が浅いと波速は遅くなるので，浅い海域に差し掛かった波から順に波速が遅くなり，波峰の向き，すなわち波向が変化し，波高も変化する。この現象を波の屈折（refraction）という。波峰線の変化を**図-5.1**に示すような段状の海底に波が入射した場合を例にして説明する。

　**図-5.1**は，水深 $h_1$ の海域を波高 $H_1$，波速 $C_1$ の波が等深線に入射角 $\alpha_1$ で入射し，水深 $h_2$ の海域に伝搬して波高 $H_2$，波速 $C_2$，屈折角 $\alpha_2$ になった状況を示している。このとき，

$$\sin\alpha_1 = \frac{C_1\Delta t}{AB'} \quad , \quad \sin\alpha_2 = \frac{C_2\Delta t}{AB'} \quad , \quad \frac{C_1\Delta t}{\sin\alpha_1} = \frac{C_2\Delta t}{\sin\alpha_2} \tag{5.1}$$

したがって，

$$\frac{C_1}{C_2} = \frac{\sin\alpha_1}{\sin\alpha_2} \tag{5.2}$$

この関係が**スネルの法則**であり，式（5.2）から入射角 $\alpha_1$ と，入射波の周期と水深に応じた波速 $C_1$ から屈折角 $\alpha_2$ が求められる。

43

5 海岸付近の波の変形

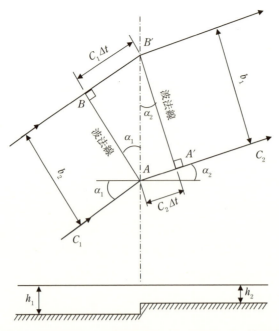

**図-5.1　波の屈折による波向の変化（上：平面図，下：断面図）**

　また，**図-5.1** によれば，入射波の波峰線の長さ $b_1$ は，屈折後には $b_2$ に変化する。このとき波法線の長さ $b_1$ と $b_2$ の波がもつ波のエネルギーは，

$$E_1 = \frac{1}{8}\rho g H_1^2 b_1, \quad E_2 = \frac{1}{8}\rho g H_2^2 b_2 \tag{5.3}$$

である。屈折の前後で波のエネルギーは保存される，すなわち $E_1$ と $E_2$ は等しいので，次式が得られる。式（5.4）で与えられる $K_r$ を**屈折係数**という。

$$K_r = \frac{H_2}{H_1} = \sqrt{\frac{b_1}{b_2}} = \sqrt{\frac{\cos\alpha_1}{\cos\alpha_2}} \tag{5.4}$$

　式（5.2），式（5.4）を用いると，海底が一様勾配の海岸に沖波が波向 $\alpha_0$ で入射したときの水深 $h$ における波向 $\alpha$ と屈折係数 $K_r$ を求めることができる。一般的には，式中で $\alpha_1$ を沖波の波向 $\alpha_0$，$\alpha_2$ を水深 $h$ における波向 $\alpha$ として用いられることが多い。計算例を次に示す。

　波高 3 m，周期 10 秒の沖波が波向 30°で一様勾配の海岸に入射したときの，水深 15 m における波向と波高を求めてみよう。

　周期 10 秒の沖波の波速は，$C_0 = 1.56T = 15.6$ m/s。

　水深 15 m の波長は，$L = 1.56T^2 \tanh(2\pi h/L)$ を用いて繰り返し計算で $L = 67.6$ m。

　水深 15 m の波速は，$C = L/T = 6.76$ m/s。

　したがって，水深 15 m の波向は，$\alpha = \sin^{-1}\{(C/C_0)\sin\alpha_0\} = 12.5°$

　また，$K_r = \sqrt{\cos\alpha_0/\cos\alpha} = 0.94$ から，水深 15 m の波高は 2.82 m。

　沖合から海岸に波が伝搬するときの波の屈折の概念図を**図-5.2** に示す。等深線の湾曲により波向きが変化し，湾では波法線の間隔が広がるので波高が低くなり，岬では波法線の間隔が狭まるので波高が高くなることがわかる。

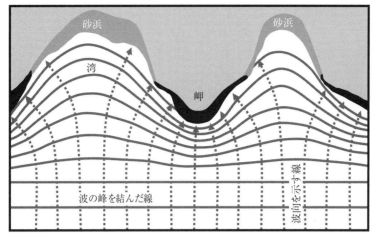

図-5.2 海岸地形と屈折の概念図

以上は規則波の屈折理論であるが，不規則波の屈折角と屈折係数の算定には，波浪場の数値計算が必要になる．ただし，直線平行等深線海岸における不規則波の屈折角と屈折係数については，算定図[29]が利用できる．

## 5.2 波の回折

波の進行方向に島や構造物があると，波はこれらによって完全には遮蔽されずに，その背後に回り込むように伝達する．この現象を波の回折（diffraction）という．ホイヘンスの原理に基づけば，回折を生じさせる島や構造物の先端から同心円状の波峰を有する波が生じる．この波を回折散乱波という．回折の影響は，島や構造物の遮蔽域とその周辺に及び，回折した後の波，すなわち回折波は，元の進行波，回折散乱波，島や構造物による反射波を重ね合わせた波になる．入射波の波高 $H_i$ と回折波の波高 $H_d$ の比を**回折係数** $K_d$ といい，次式で与えられる．

$$K_d = \frac{H_d}{H_i} \tag{5.5}$$

回折波高と波向きを求めるためには，ポテンシャル理論に基づく方程式を数値的に解く必要があるので，一様水深の海域での防波堤による回折のような実務で高頻度に用いられる条件については，規則波，不規則波について回折係数を空間的に求めた算定図[30]が利用できる．

一方，岬や突堤などによる回折波を簡易に計算する方法に**方向分散法**がある．この方法は，図-5.3に示すように，回折波を算定する位置に対して，岬などに

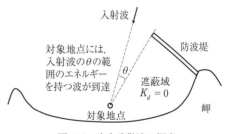

図-5.3 方向分散法の概念

---

29) 土木学会水理委員会水理公式集改訂小委員会（1999）：水理公式集［平成11年版］，丸善，p.461
30) 日本港湾協会編（2007）：港湾の施設の技術上の基準・同解説，上巻 pp.148-150，下巻 pp.1397-1438

よって遮蔽される範囲の回折係数は0，入射波が直進する範囲のエネルギーを持つ波だけが到達すると仮定する方法である[31]。**図-5.3**の場合には，対象地点に作用する回折波は，入射波の$\theta \sim 90°$の範囲のエネルギーは無視し，入射波の$0 \sim \theta$の範囲のエネルギーが到達すると考える。この範囲の入射波の全エネルギーに対する比率$P_E(\theta)$は，式（5.6）に示す近似式[32]で容易に計算することができ，その結果を**図-5.4**に示す。

$$P_E(\theta) = \frac{1}{2}\left[1 + \frac{\tanh(A_0\theta)}{\tanh(A_0\pi/2)}\right] \tag{5.6}$$

$$A_0 = 0.425(S_{max})^{0.489} \quad (S_{max} = 10 \sim 100) \tag{5.7}$$

波のエネルギーは波高の自乗に比例するので，$P(\theta)$の平方根が回折係数である。すなわち

$$K_d = \sqrt{P_E(\theta)} \tag{5.8}$$

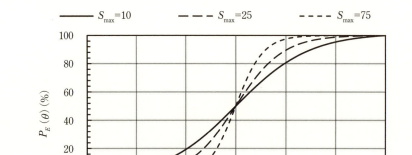

**図-5.4 波のエネルギーの累加曲線**

たとえば，**図-5.3**において防波堤先端と対象地点を結んだ線と入射波の主方向のなす角度が20°であったする。このとき，$20° < \theta < 90°$の範囲の波のエネルギーは岬に遮られ，$\theta = 20°$までの累積エネルギーの比率$P(20°)$の波が作用することになる。ここで，$S_{max} = 10$とすれば，式（5.6）あるいは**図-5.4**を用いて$P(20°) = 0.72$（72％）となるので，回折係数$K_d = \sqrt{P(20°)} = 0.85$を得る。

実際の海岸では，**図-5.5**に示すように，突堤による回折と地形による屈折，さらには浅水変形や砕波が生じる。このような波の変形を詳細に調べる場合には，数値計算による方法が用いられるが，方向分散法を拡張して波向まで計算できる簡易で有用な方法もある[33]。ただし，**図-5.5**の防波堤の屈折効果を調べるような場合で，対象の波浪がほぼ一方向から来襲するうねりの場合には，規則波の回折図を用いることも可能である。

---

31) 合田良實（2008）：耐波設計，鹿島出版会，p.26
32) 宇多高明・石川仁憲（2005）：実務者のための養浜マニュアル，土木研究センター，p.108
33) 芹沢真澄・Abdelaziz Rabie・三波俊郎・五味久昭（1993）：回折領域の不規則波浪場の簡単な計算法，土木学会海岸工学論文集，Vol.40，pp.76-90

図-5.5 ポケットビーチにおける回折と屈折

## 5.3 換算沖波

有義波高 $H_0$ の沖波(深海波)が等深線に斜めに入射して屈折し，その波がさらに島や構造物によって回折し，さらに，次節で説明する浅水変形によって検討対象地点に到達した波の波高 $H$ は次式で与えられる。ただし，この過程で沖波の有義波周期 $T_0$ は変化しない。

$$H = K_r K_d K_s H_0 = K_s H_0', \quad ここで, \quad H_0' = K_r K_d H_0, \quad T_0' = T_0 \tag{5.9}$$

この波高 $H_0'$ の有義波はすでに屈折も回折も考慮されているので，浅水変形や砕波変形があたかも有義波高 $H_0'$ の沖波が等深線に直角に入射して生じるように考えて算定することができる。この波高 $H_0'$ と周期 $T_0'$ を持つ有義波を**換算沖波**という。

## 5.4 波の浅水変形

等深線に対して波が斜めに入射するときの波の変形である屈折に対して，直線平行等深線に直角に入射するときの波の変形を浅水変形という。浅水変形では，先に述べたように入射波は換算沖波を用いることが一般的である。図-5.6 に示すように換算沖波（$H_0'$, $T_0'$）が水深 $h$ の海域に伝搬して波（$H$, $T$）に変形したとき，双方で波が進行方向に垂直な面を通過したときに輸送される波のエネルギーは保存されるので，式（2.15）から，

$$E_0 n_0 C_0 = E n C \tag{5.10}$$

ここで，

$$E_0 = \frac{1}{8}\rho g H_0'^2, \quad E = \frac{1}{8}\rho g H^2, \quad n_0 = \frac{1}{2}, \quad n = \frac{1}{2}\left\{1 + \frac{\dfrac{4\pi h}{L}}{\sinh\left(\dfrac{4\pi h}{L}\right)}\right\}$$

$$C_0 = \frac{gT_0}{2\pi}, \quad C = \frac{gT}{2\pi}\tanh\frac{2\pi h}{L}, \quad T_0 = T, \quad \frac{L}{L_0} = \frac{C}{C_0} = \tanh\frac{2\pi h}{L} = \tanh kh$$

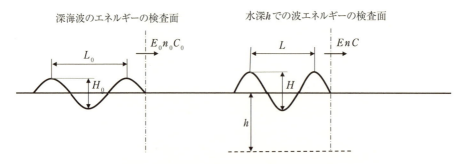

**図-5.6 深海波から浅海への波の変形とエネルギー**

式 (5.10) から，

$$K_{si} = \frac{H}{H_0'} = \sqrt{\frac{1}{2n}\frac{C_0}{C}} = \left[\tanh\frac{2\pi h}{L}\left\{1+\frac{\frac{4\pi h}{L}}{\sinh\left(\frac{4\pi h}{L}\right)}\right\}\right]^{-1/2}$$

$$= \left[\tanh kh\left\{1+\frac{2kh}{\sinh(2kh)}\right\}\right]^{-1/2} \tag{5.11}$$

この $K_{si}$ を**浅水係数**という。ここで，

$$\frac{h}{L} = \frac{h}{L_0}\frac{L_0}{L}$$

の関係を用い，$h/L_0$ をパラメータにして，$h/L$, $n$, $C/C_0$, $K_s$ の関係を描くと**図-5.7** を得る。図から浅水係数 $K_{si}$ は水深が浅くなれば大きくなる，すなわち波高は高くなることが示され，このことは私たちの経験と一致する。しかし，この図は微小振幅波理論の範囲で得られた結果であり，同じ $h/L_0$ であっても沖波の波形勾配 $H_0'/L_0$ が大きくなり有限振幅波の性質が強くなれば，$K_s$ は大きくなり，また砕波も生じることになる。このような有限振幅性を考慮した浅水係数の変化を**図-5.8**

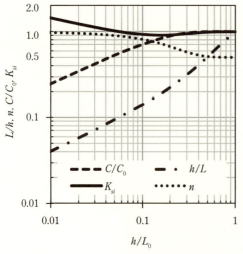

図-5.7 $h/L_0$ と $h/L$, $n$, $C/C_0$, $K_s$ の関係

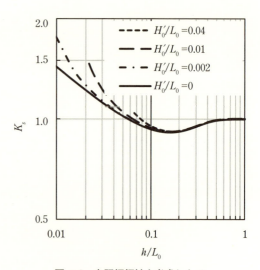

図-5.8 有限振幅性を考慮した $K_s$

に示した．この図は，式（5.12）[34]で与えられる近似値で作成したものであり，詳細な浅水係数の算定図が文献[35]に示されている．

$$K_s = K_{si} + 0.0015\left(\frac{h}{L_0}\right)^{-2.87}\left(\frac{H_0'}{L_0}\right)^{1.27} \tag{5.12}$$

## 5.5 砕　　波

浅水変形によって波高が高くなり波長が短くなると，水粒子の水平速度が波速を超えて，波頂部が崩れる．この現象を砕波という．砕波の形状は，式（5.13）に示す**砕波帯相似パラメータ**$\xi$によって**図-5.9**のように分類されている．

$$\xi = \frac{\tan\beta}{\sqrt{H_0/L_0}} \tag{5.13}$$

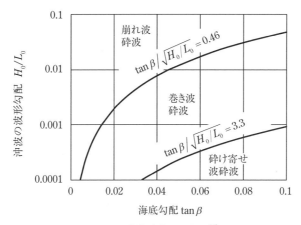

**図-5.9　砕波形式の区分図**[36]

図-5.10　崩れ波砕波（千葉県一宮海岸）

図-5.11　巻き波砕波（千葉県千倉海岸）

---

34）合田良實（2008）：耐波設計，鹿島出版，p.62
35）土木学会水理委員会水理公式集改訂小委員会（1999）：水理公式集［平成11年版］，丸善，p.459
36）土木学会水理委員会水理公式集改訂小委員会（1999）：水理公式集［平成11年版］，丸善，p.467

ξ < 0.5 の範囲の砕波を**崩れ波砕波**といい，波形勾配の大きい波が海底勾配の緩やかな海岸に伝搬したときに生じる。

3.3 < ξ < 0.5 の範囲の砕波を**巻き波砕波**といい，波形勾配の小さい波が海底勾配の急な海岸に伝搬したときに生じる。

ξ > 3.3 の範囲の砕波を**砕け寄せ波砕波**といい，波形勾配の非常に小さい波が海底勾配の急な海岸に伝搬したときに生じる。

正確な波浪情報に基づいた分類ではないが，砕波の状況を参考として図-5.10～図-5.12に示す。

図-5.12 砕け寄せ波砕波（韓国東海岸）

## 5.6 波浪変形の数値計算モデル

波浪変形の数値解析モデルでは，一般的に流体の粘性と圧縮性は無視し，流場（波浪場，解析領域）の支配方程式を速度ポテンシャル $\phi$ に対するラプラスの方程式とする。数値解析モデルでは，このラプラスの方程式を自由表面の境界条件，海底の固定境界条件，波浪場周辺の境界条件によって規定して $\phi$ を数値的に解析し，求めようとする波浪場を決定する。このモデル化に際して用いる仮定によって，数値解析モデルは分類されており，解析の対象とする現象に合わせて使い分けられている[37]。ここでは，これらの概要を以下に示す。

### (1) 屈折の数値解析モデル

屈折計算の代表モデルが**波向線法**であり，屈折と浅水変形が得意な方法である。さらに不規則波に対応した**エネルギー平衡方程式**がある。

### (2) 回折の数値解析モデル

回折は，ヘルムホルツの方程式を解くことになり，回折を生じさせる対象を限定した解析解，例えば半無限堤による回折波浪場などが求められている。これに対して対象を限定しないための数値解析が提案されており，主に回折と反射を得意とする。一方，近似的な解析方法として計算効率の高い高山の方法がある。

### (3) 屈折・回折の数値解析モデル

海底勾配があり島堤などがある海域では，屈折と回折が同時に生じる。このために導かれた**緩勾配方程式**を数値的に解析する方法がある。緩勾配方程式による方法は，屈折，回折，反射，浅水変形が解析でき，砕波モデルの組込みや不規則波の適応も可能である。このほか，**非定常緩勾配方程式，数値波動解析法，非定常緩勾配不規則波動方程式，放物型波動方程式**がある。

---

37) 土木学会海岸工学委員会研究現況レビュー小委員会（1994）：海岸波動，土木学会，pp.8-14

### (4) 非線形波動の数値解析モデル

有限振幅波を対象にした数値解析モデルには，**非線形長波方程式**やブシネスク方程式がある。また，**3次元数値波動水槽**としては**CADMAS–SURF**[38],[39]があり，強非線形な現象も解析が可能になっている。

### 復習問題

1. 式 (5.2) と式 (5.4) を用いて，屈折係数と屈折角を求める算定図を作成しなさい。ただし，横軸に水深 $h$ と沖波波長 $L_0$ の比，$h/L_0$ をとり，沖波の波向をパラメータにして，縦軸に屈折係数あるいは屈折角とした図としなさい。

2. 日本港湾協会編 (2007)：港湾の施設の技術上の基準・同解説，下巻 pp.1406–1408 の図-2.4 (a)，(b)，(c) には，それぞれ $S_{max}$ = 10，25，75 の不規則波が半無限堤に直角に作用したときの回折係数の算定図が掲載されている。これらの図から，$S_{max}$ の違いによる回折係数の違いを考察しなさい。

3. 上記 2. の文献 p.1434 には，規則波の場合の図が掲載されている。これを用いて不規則波と規則波の場合の違いを考察しなさい。

4. 波高 3 m，周期 10 秒の沖波が波向 30°で一様勾配の海岸に入射したときの，水深 15 m における波高を，式 (5.9)，(5.10) および本文中の参考文献に示された浅水係数の算定図を用いて求め，結果を比較しなさい。ただし，このときの水深 15 m における屈折係数は 0.94，波長は 109 m とし，回折の影響はないものとする。

5. 沖波の波高と波長，海底勾配を，式 (5.10) で示される砕波帯相似パラメータ $\xi$ が 3 つの砕波のパターン (崩れ波砕波，巻き波砕波，砕け寄せ波砕波) になるように設定し，文献 36)，37) を参考にして，砕波を数値シミュレーションしなさい。

6. 右図の海域で浮体式の海上ホテル (平面形状：横 200 m × 縦 100 m) が計画されている。設計条件は以下のとおりであり，そのために必要な防波堤の延長を求めなさい。ただし波浪変形計算には波浪は規則波として扱うこととする。

    条件1　沖波の諸元は，波高 $H_0$ = 2.3 m，周期 $T$ = 12 秒，波向 $\alpha_0$ = 40°である

    条件2　浮体の設置水深は 5 m とする

    条件3　海上ホテルの設置域の波高は，居住性の観点から波高 0.5 m 以下とする

    条件4　沖側に設置する防波堤と浮体式ホテルの間隔は 100 m とする

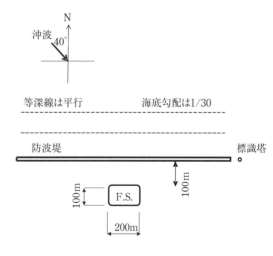

---

38) 数値波動水槽の実務計算事例集 (2008)，沿岸技術ライブラリー No.30，沿岸技術研究センター
39) 数値波動水槽の研究・開発 (2010)，沿岸技術ライブラリー No.39，沿岸技術研究センター

# 6　構造物と波の相互作用

## Key words

波の打上　Saville の方法を改良した改良仮想勾配法　　越波　　越波流量　　越波伝達波

波の反射　　反射率　　透過率　　浮消波堤　　静水圧　　波力　　防波堤　　合田式

レイノルズ数　　クーリガン・カーペンター数　　モリソン式　　抗力　　抗力係数　　慣性力

慣性力係数　　マッカーミー・フックスの式　　ハドソンの式

波が存在する水域を波浪場と呼ぶ。波浪場に構造物が存在すると波との相互作用により，反射波，回折波，打上げや越波が生じる。相互作用は波の波長や波高に対する構造物の大きさにより異なる。構造物の大きさは，波を変形させる要因となる重要なパラメータであり，一般的には構造物の水平断面寸法や水面からの高さである。

波長に対して構造物が大きい場合は，波は構造物への衝突とともに反射や回折し，波高によっては打上げも生じる。また，打上や波の頂部の高さが構造物の水面からの高さに比べて高い場合には，構造物を乗り越える波，すなわち越波が生じることもある。一方，波長に対して構造物が小さい場合は，波は構造物への衝突とともに打上げが生じることはあるものの，波形をほとんど変えることなく通過する。

## 6.1　波の打上げ

砂浜や構造物が傾斜面を有する場合には図-6.1(a) のように波が斜面をかけ上がる。これを打上げ（run up）といい，打上げの高さを打上げ高という。傾斜面を有する構造物は図-6.1(b)，(c)，(d)に例示するように一様斜面や階段状断面，複合断面の場合があり，斜面勾配や構造材料も多様である。したがって入射波が作用したのちの**反射率**や打上げた海水の透水性も構造物の種類によって異なる。一方，入射波の不規則性や波形勾配によって打上げの強さは異なる。したがって，打上げ高を算出することは容易ではない。

打上げ高の算定には，構造物に対しては一様勾配面と複合勾配面，入射波の性質に対しては規則波と不規則波に対応した研究がある。このうち，港湾の施設の技術上の基準・同解説 [40] には，不規則波が一様勾配の滑面に作用した場合，不規則波が一様勾配の捨石斜面に作用した場合，規則波が複合勾配面に作用した場合の算定方法（**Saville の方法を改良した改良仮想勾配法**）が示されおり，設計に用いられている。**図-6.2** に基づいて改良仮想勾配法の算定方法を示すと，①波の打上高 $R$

---

40)　日本港湾協会編（2007）：港湾の施設の技術上の基準・同解説，上巻，p.162–165

# 6 構造物と波の相互作用

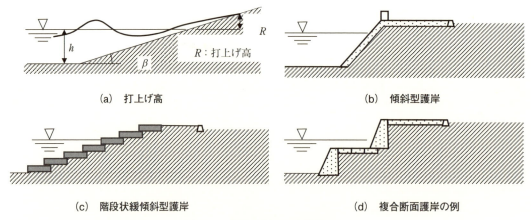

(a) 打上げ高　　　　　　　　　　(b) 傾斜型護岸

(c) 階段状緩傾斜型護岸　　　　　(d) 複合断面護岸の例

図-6.1　傾斜面を有する構造形状

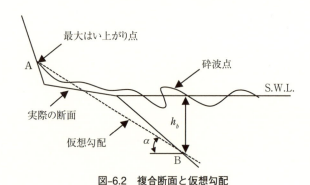

図-6.2　複合断面と仮想勾配

を仮定し，複合勾配に対して仮想改良勾配 $\alpha$ を $\cos\alpha = 2A/(h_b + R)^2$ と仮定し，この仮想勾配面に対する打上高さ $R$ を**図-6.3**から求め，①と②の $R$ が一致するまで $R$ を仮定して繰り返し計算を行う。ここで，**図-6.3**は概略図であるので，詳細は前掲の文献 39) を参照されたい。以上のような算定図や簡易的な計算方法に対して，数値波動水槽（数値シミュレーション・ソフトウェアー：

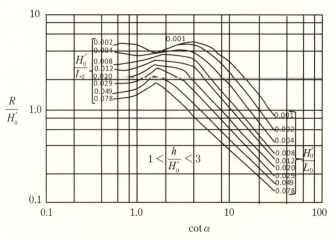

図-6.3　一様傾斜面上への打上げ高

CADMAS–SURF)[41] を利用して打上げの現象を表現することも可能になりつつある。

## 6.2 越　　波

　入射波が構造物に打上げ後にさらに勢いがあると構造物を乗り越えることがある。これを**越波**という。越波は構造物の背後の利用に影響を与えるので，越波を許容する場合には，その利用状況や排水施設に対する整備状況を勘案して，許容する**越波流量**を決める必要がある。この値を許容越波流量といい，被災限界，背後地の利用状況や重要度の応じた値[42]が提案されている。

　直立護岸に不規則波が作用した場合の越波流量は，海底勾配，沖波波高，前面水深，護岸天端高をパラメータにした推算図がある[43]。また，傾斜護岸に対する越波流量も一様な法面勾配ごとの推算図がある。しかし，護岸や堤防が複合の勾配を有するような形状に対する越波流量の推算は困難であり，波の打上と同様に波や構造物のすべてに応じた方法はないが，構造物形状の違いによる越波流量の相対的な比較には前述の数値波動水槽の利用が有用である。

## 6.3　波の反射と伝達

　入射波が海岸や防波堤に作用すると**波は反射**し，あるいは打上げや越波が生じる。**防波堤**では反射波はその前面で入射波と重なり合って重複波を形成するので，構造物全面の水面変動が大きくなり越波量も増加する。防波堤背後の水域では越波による落水によって新たな波が生じる。この波を**越波伝達波**といい，高い静穏を要求される港湾ではこの波の発生を必要とされる静穏度に抑えるために，防波堤の天端高を高くすることや消波ブロックを設置するような工夫がなされる。一方，重複波は航行船舶の安全にも支障を来たすので，波力低減の目的とともに反射波高を低減するための対策としても消波ブロックが設置される。このような工夫を行った防波堤のイメージを**図-6.4**に示す。また，構造物自体にスリットや空洞部を設けて反射波や越波を低減する工夫がなされた防波堤もある。

　**図-6.4**のように消波ブロックが設置された直立堤と消波ブロックの設置がない直立堤のように，波が作用する側面の構造形状の違いにより反射率は異なる。入射波$H_i$に対する反射波$H_r$の比を反

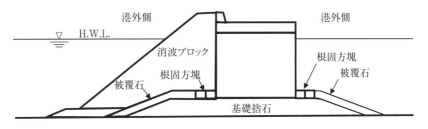

図-6.4　波力，反射波，越波の低減を目的として消波ブロックを設置した防波堤

---

41) 沿岸開発技術研究センター（2001）：数値波動水路の研究・開発，296p
42) 日本港湾協会編（2007）：港湾の施設の技術上の基準・同解説，上巻，p.171
43) 合田良實（2008）：耐波工学，鹿島出版会，pp.132-149

射率 $K_r$ といい，水理模型実験や観測値から得られた結果が整理されて，**表-6.1** に示す概略値[44]として示されている。

一方で，防波堤背後の海水交換を重視する場合などでは，直立堤のような完全な遮蔽ではなく，浮体式の防波堤が用いられる。**図-6.5** に示したような浮体式防波堤に入射波が作用すると，反射波のほかに透過波が生じる。波のエネルギーは波高の自乗に比例し，入射波が有するエネルギーは保存されるので，入射波高，反射波高，透過波高の波高をそれぞれ $H_i$, $H_r$, $H_t$ とし，エネルギー損失を $E$ とすると次式が成り立つ。

表-6.1 海岸や構造物の反射率の概略値

| 対象物 | 反射率 |
|---|---|
| 直立堤（天端は静水面上） | 0.7–1.0 |
| 直立堤（天端は静水面下） | 0.5–0.7 |
| 捨石斜面（2〜3割勾配） | 0.3–0.6 |
| 異形消波ブロック斜面 | 0.3–0.5 |
| 直立消波構造物 | 0.3–0.8 |
| 天然海浜 | 0.05–0.2 |

$$H_i^2 = H_r^2 + H_t^2 + E \quad \text{あるいは，} \quad k_r^2 + k_t^2 + e = 1 \tag{6.1}$$

ここで，$k_r = H_r/H_i$，$k_t = H_t/H_i$ であり，入射波高に対する反射波高と透過波高の割合，すなわち，**反射率**と**透過率**であり，また，$e$ はエネルギー損失率である。

浮体式防波堤では，それ自体が波浪により動揺し，さらに構造物の下は海水の通過を許容しているので，**図-6.5** のような単純な箱型浮体では反射率や透過率を低減することは困難である。そこで，低減効果を高めるために入射波エネルギーの吸収を可能にする装置の開発がなされている。**図-6.6** はこの例であり，波が入射すると**浮消波堤**は動揺するが，浮体内の水路内で励起される水平および鉛直方向の振動流によるエネルギー逸散により，浮消波堤の動揺と入射波に位相差が生じることを利用して，反射率と透過率を低減する工夫がなされている[45]。

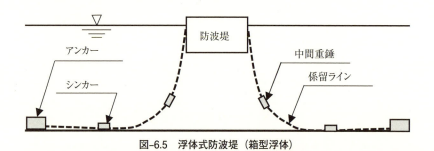

図-6.5 浮体式防波堤（箱型浮体）

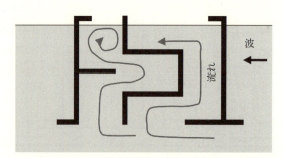

図-6.6 エネルギー吸収型浮体式防波堤の堤体断面の例

---

44) 土木学会水理委員会水理公式集改訂小委員会（1999）：水理公式集［平成11年版］，丸善，p.466
45) 荒見敦史・河野豊・高木儀昌（2006）：内部水流振動型浮消波堤の設計と台風災害時の被災状況，水工研技報，Vol.28, pp.33–39

## 6.4 静水圧と波力

波のない静水面下の圧力は，水深に依存し$P=\rho gh$で与えられる。この水圧を**静水圧**と呼ぶ。水は等方性なので，水中の水深$h$の点には全方向から圧力$P=\rho gh$が作用する。たとえば，静水中に鉛直な壁体構造物がある場合に壁体に作用する静水圧の分布は，図-6.7に示したような分布になる。この静水圧を構造物の全没水表面にわたって積分した結果が静水圧による力，すなわち静水中の浮力になる。左右対称の壁体の場合には，静水圧の分布も左右対称であるので，鉛直上向きの圧力の積分値が浮力になり，このときの壁体の単位奥行き当たりの浮力は$F_B=\rho ghB$である。

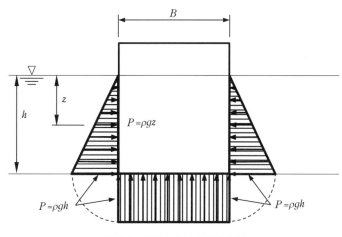

**図-6.7 壁体に作用する静水圧**

一方，波があると水面下では水粒子の運動により変動する水圧が作用する。この変動する水圧を変動水圧，動水圧あるいは変動圧と呼ぶ。波による水面下の変動水圧は，波による水粒子の運動に依存するので，水深，波高，周期あるいは波長の関数である。波浪場に構造物が存在すると，構造物周辺の水粒子の運動がゆがめられて入射波（作用する波）は変形し，その運動の変化に見合う変動水圧が構造物に作用することになる。この変動水圧を構造物の全没水表面にわたって積分した結果が構造物に作用する**波力**である。この変動には，砕波しない波の回折のような穏やかな運動の変化はもとより砕波や高波の衝突で生じる急激な運動の変化もある。すべての運動の変化に起因する波力を厳密に求めることは甚だ困難であるが，近年は，波や波力に関する研究とソフトウェア開発技術が進展し，数値解析が可能になりつつある。一方，一般的な幾何学形状の構造物に作用する波力については，多くの研究成果から導かれた波力算定式が用いられている。

## 6.5 構造物に作用する波力

### 6.5.1 防波堤に作用する波力

入射波が防波堤に作用すると反射波と重なり合い重複波が形成されるので，構造物には重複波による圧力，すなわち重複波圧が作用する。もし，入射波が砕波して作用すれば，砕波による衝撃波

圧，すなわち衝撃砕波波圧が生じるし，海底勾配や構造物の形状によっても衝撃砕波波圧が生じることがある。

このことから防波堤を設計する際には，不規則波による重複波圧と衝撃砕波圧の双方を考慮した波圧を算定する必要がある。壁面に波の峰があるときの重複波および砕波の波力を算定する式(6.2)から式（6.8）は**合田式**[46]と呼ばれ，これらの波圧を区別することなしに算定できる式であり，さらに入射波と防波堤前面のなす角，すなわち入射角をも考慮することができる。

合田式を用いる場合は設計波には最高波を用い，防波堤が砕波帯の沖にある場合には設計波高 $H_D$ は，$H_D = H_{max} = 1.8 H_{1/3}$ とする。一方，防波堤が砕波帯内にある場合には，設計波高 $H_D$ は防波堤の前壁から沖側に $5H_{1/3}$ だけ離れた地点における $H_{max}$ を用いる[47]。この $H_{1/3}$ の算定における水深 $h$ は防波堤の設置水深とする。また，設計波の周期 $T_{max}$ は，$T_{max} = T_{1/3}$ とし，この $T_{1/3}$ に対する水深 $h$ での波長を $L$ とする。

$$\eta^* = 0.75(1+\cos\beta)H_{max} \tag{6.2}$$

$$p_1 = \frac{1}{2}(1+\cos\beta)(\alpha_1 + \alpha_2 \cos^2\beta)\rho g H_{max} \tag{6.3}$$

$$p_2 = \frac{p_1}{\cosh(2\pi h/L)} \tag{6.4}$$

$$p_3 = \alpha_3 p_1 \tag{6.5}$$

$$\alpha_1 = 0.6 + \frac{1}{2}\left[\frac{4\pi h/L}{\sinh(4\pi h/L)}\right]^2 \tag{6.6}$$

$$\alpha_2 = \min\left\{\frac{h_b - d}{3h_b}\left(\frac{H_{max}}{d}\right)^2, \frac{2d}{H_{max}}\right\} \tag{6.7}$$

$$\alpha_1 = 1 - \frac{h'}{h}\left[\frac{1}{\cosh(2\pi h/L)}\right] \tag{6.8}$$

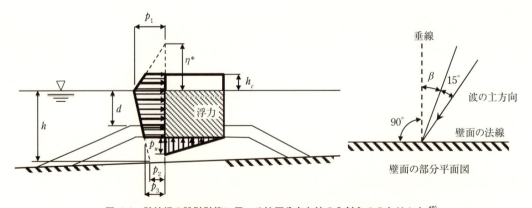

**図-6.8** 防波堤の設計計算に用いる波圧分布と波の入射角 $\beta$ のとりかた[48]

---

46) 合田良實（2008）：耐波工学，鹿島出版会，pp. 10–107
47) 合田良實（2008）：耐波工学，鹿島出版会，p.75
48) 合田良實（2008）：耐波工学，鹿島出版会，p.105

ここで，min |a, b|：a または b のいずれか小の値，$h_b$ は防波堤の前壁から沖側に $5H_{1/3}$ だけ離れた地点の水深であり，波圧やその他の記号は図-6.8 の通りである。

### 6.5.2 小口径柱状体に作用する波力

入射波が柱状体に作用すると水粒子の加速度運動は変化するので，その変化に見合う力が構造物に作用する。すなわち波の**慣性力**の変化分の力である。一方，水には粘性があるので，作用する波の水粒子の速度が速い場合には，構造物の周辺では水位差が生じ，後流渦も発生する。後流渦の発生は**レイノルズ数**：$R_e$（Reynolds number）と**クーリガン・カーペンター数**：K.C. 数（Keulegan–Carpenter number）に依存し，直径 $D$ の円柱が波長 $L$ の波浪中にある場合は，$D/L<0.2$ の範囲では K.C. 数が 2 程度より大きくなり後流渦の影響が現れる。$D/L<0.2$ の範囲は波長に比べて構造物の直径が小さいので，この範囲の円柱を小口径円柱と呼ぶ。小口径円柱に作用する波力は，加速度と速度による力の和，すなわち，慣性力と**抗力**の和で表される。

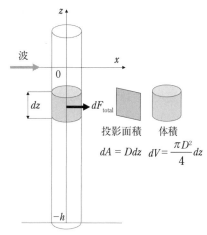

図-6.9 小口径円柱に作用する波力

図-6.9 に示すような直径 $D$ の円柱構造物の没水部 $dz$ に作用する波力 $dF_{total}$ は，慣性力 $dF_{inertia}$ と抗力 $dF_{drag}$ の和であり次式で与えられる。この式は**モリソン（Morison）の式**と呼ばれる。

$$dF_{total} = dF_{inertia} + dF_{drag} \tag{6.9}$$

あるいは，

$$dF_{total} = C_M \rho dV \dot{u} + C_D \rho dA \frac{u|u|}{2} = C_M \rho \frac{\pi D^2}{4} \dot{u} dz + C_D \rho D \frac{u|u|}{2} dz \tag{6.10}$$

ここで，$C_M$：**慣性力係数**（円柱に場合 2.0），$C_D$：**抗力係数**（円柱の場合 1.0），$\rho$：流体の密度，$u$：水粒子の速度，$\dot{u}$：水粒子の加速度である。

モリソン式による波力算定は，波浪が微小振幅波の範囲である場合には計算が容易であるが，有限振幅波の場合には計算が煩雑になる。そこで，式（6.11）～式（6.16）と図-6.10，図-6.11 に示す図を用いた波力の算定方法[49] が提示されている。

$$(F_D)_{max} = \rho g C_D D H^2 K_D \tag{6.11}$$

$$(F_M)_{max} = \rho g C_M D^2 H K_M \tag{6.12}$$

$$(F_T)_{max} = (F_D)_{max} + \frac{\{(F_M)_{max}\}^2}{4(F_D)_{max}} \ldots 2(F_D)_{max} > (F_M)_{max} \tag{6.13}$$

$$(F_T)_{max} = (F_M)_{max} \quad \ldots 2(F_D)_{max} \leq (F_M)_{max} \tag{6.14}$$

$$(M_D)_{max} = (F_D)_{max} S_D \tag{6.15}$$

$$(M_M)_{max} = (F_M)_{max} S_M \tag{6.16}$$

---

[49] 合田良實（1970）：海洋構造物の設計（波力について）海洋開発シンポジウム講演集, Vol.1, p.1–9

ここで，$\rho$：海水の密度，$D$：構造物の直径，$H$：波高，$(F_T)_{\max}$：波力の最大値，$(F_D)_{\max}$，$(F_M)_{\max}$：抗力と慣性力の最大値，$K_D$，$K_M$：図-6.10から求まる係数，$S_D$，$S_M$：図-6.11から求まる$(F_D)_{\max}$，$(F_M)_{\max}$の海底面からの作用高さ，$(M_D)_{\max}$，$(M_M)_{\max}$：$(F_D)_{\max}$，$(F_M)_{\max}$による構造物の海底固定位置周りのモーメントである。構造物の直径と波高が同じ場合を想定して，図-6.10の抗力の最大値の算定係数$K_D$をみると，微小振幅波（$H/h=0$，$h$：水深）と有限振幅波（$H/h>0$）ではその値が大きく異なり，有限振幅波としての波力算定の重要性がわかる。

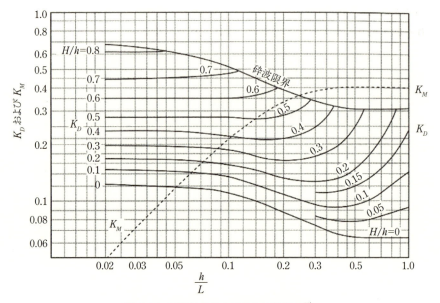

**図-6.10　円柱に作用する波力の算定図**[50]

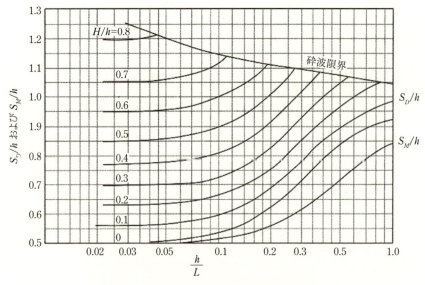

**図-6.11　円柱に作用する波力作用高の算定図**

---

50) 増田光一・居駒知樹・惠藤浩明（2016）：水波工学の基礎，成山堂書店，p.121

### 6.5.3 大口径柱状体に作用する波力

前項と同様に直径$D$の円柱が波長$L$の波浪中にある場合に，$D/L>0.2$の範囲ではK.C.数が2程度より小さくなり後流渦の影響が小さくなる。したがって，加速度の変化による力のみを考えればよいことになる。$D/L<0.2$の範囲は波長に比べて構造物の直径が大きいので，この範囲の円柱を大口径円柱と呼ぶ。入射波が大口径円柱に作用すると，回折散乱波が生じて波浪場が変化する。この波浪場の速度ポテンシャルもラプラスの方程式を満足するので，それを解き，圧力方程式（ベルヌーイの定理）により変動圧力を求め，構造物の没水面の$dz$について周方向に積分すると，図-6.12に示した$dz$

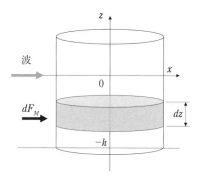

図-6.12 大口径円柱に作用する波力

に作用する波力$dF_M$は式（6.17）となり，これを式（6.18），（6.19）にしたがって積分すると，全波力$F_M$，全モーメント$M_M$とその作用高さ$S_M$は，式（6.21），（6.22）となる。この式は**マッカーミー・フックス**（McCamy and Fuchs）**の式**と呼ばれる。

$$dF_M = \rho C_M \frac{\pi D^2}{4} \frac{H\omega^2}{2} \frac{\cosh k(h+z)}{\sinh kh} \cos(\omega t - \varepsilon) \tag{6.17}$$

$$F_M = \int_{-h}^{0} dF_M \, dz \tag{6.18}$$

$$M_M = \int_{-h}^{0} (h+z) dF_M \, dz \tag{6.19}$$

$$S_M = \frac{M_M}{F_M} \tag{6.20}$$

$$F_M = \rho g C_M D^2 H K_M \cos(\omega t - \varepsilon), \quad K_M = \frac{\pi}{8}\tanh kh \tag{6.21}$$

$$M_M = F_M S_M, \quad S_M = \frac{kh\sinh kh - \cosh kh + 1}{k\sinh kh} \tag{6.22}$$

$$C_M = \frac{4}{\pi}\left(\frac{L}{\pi D}\right)^2 \bigg/ \sqrt{\left[J_1'\left(\frac{\pi D}{L}\right)\right]^2 + \left[Y_1'\left(\frac{\pi D}{L}\right)\right]^2}, \quad \varepsilon = \tan^{-1}\left[J_1'\left(\frac{\pi D}{L}\right) \bigg/ Y_1'\left(\frac{\pi D}{L}\right)\right] \tag{6.23}$$

$J_1$, $Y_1$は，それぞれ第1種，第2種ベッセル関数，$J_1'$, $Y_1'$は引数に関する微分を表す。

ここではマッカーミー・フックスの式を，式（6.21），（6.22）のようにモリソンの式の慣性力項と同様の形式で表している。しかし，式中の$C_M$の値は図-6.13に示したように$D/L$に依存しており，$D/L$が0.2付近では$C_M \cong 2$となるがそれ以上の$D/L$では$C_M$の値は大きく低下する。このことがモリソンの式の慣性力項と大きく異なるところである。

ここでは代表的な構造物の形状として円柱を対象として示したが，多角形や水深方向に形状が変わる場合などは，波浪場の境界値問題を数値モデル化し，コンピュータを用いて波浪場や波力を求めることができる。

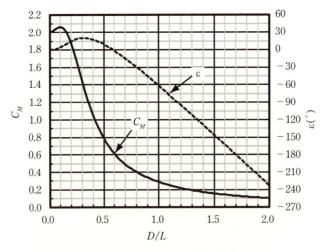

図-6.13　$C_M$ の $D/L$ に対する変化

## 6.5.4　ブロックに作用する波力

　傾斜堤，離岸堤，基礎マウンドには被覆ブロックや被覆石が用いられ，防波堤では波力や反射波を防ぐために消波ブロックが用いられる。ブロックに作用する波力は，斜面上を打上げる波による抗力である。ブロックの波浪に対する安定性を評価するためには，この抗力と消波ブロックや被覆石の重量のつり合いを考えて，その安定に必要な質量を求めなければならない。このブロックの必要質量を求める式にハドソン（Hudson）の式[51),52)]（6.23）がある。

　ここで，$M$：安定に必要な質量，$H$：法先での有義波高，$\beta$：斜面勾配角，$\rho_s$：捨石の密度，$\rho$：海水の密度，$K_D$：被覆材の特性などによって決まる定数である。$K_D$ の詳細は脚注の文献を参照されたい。

$$M = \frac{\rho_s H^3}{K_D \left(\rho_s/\rho - 1\right)^3 \cot\beta} \tag{6.24}$$

### 復習問題

1. 設計波の条件が，波高 $H_D = 13.0$ m，周期 $T_D = 13.0$ s，波長 $L_D = 160.0$ m，波の主方向 $\theta = 30°$ であり，構造断面形状が下図の場合の防波堤に作用する波力を合田式により求め，滑動と転倒の安

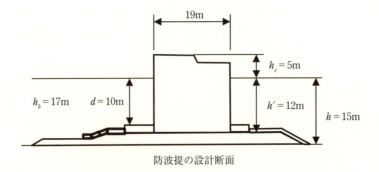

防波堤の設計断面

---

51)　土木学会（1999）：水理公式集（平成 11 年版），p.541
52)　土木学会（1969）：海岸保全施設設計便覧（1969 年版），pp.174–176

定を検討しなさい。

参考：防波堤の滑動と転倒の安定検討方法を以下に示す。

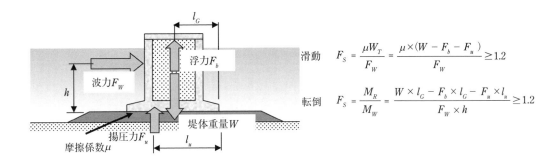

2. 設計波の条件が，波高 $H_D = 6.0$ m，周期 $T_D = 10.0$ s，波長 $L_D = 92.0$ m であり，水深 $h = 10$ m の海域に次の条件の構造物が設置されている．これらの構造物に作用する波力を求めなさい．ただし，モリソン式を用いる場合には**図-6.10, 6.11**を用いることとし，$C_M = 2.0$, $C_D = 1.0$ として算定し，マッカーミー・フックスの式を用いる場合の $C_M$ は**図-6.13**から求めなさい．

   (1) 直径 2 m の円柱構造物
   (2) 直径 30 m の円柱構造物

3. 前問の波浪と水深の条件で直径 2 m の円柱構造物に作用する波力を計測し，波向線が向柱の中心線を通る線上で水位も計測した．計測結果は下図の通りである．このときの円柱に作用する抗力と慣性力を求めなさい．また，その結果から抗力係数と慣性力係数を求めなさい．

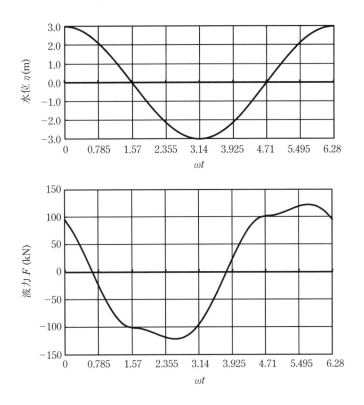

6 構造物と波の相互作用

参考：水位 $\eta$ とモリソン式による波力 $F_T$ は次式で与えられるので，抗力と慣性力は水位の位相を比較すれば求められる。ただし，水位と波力は $x=0$ の位置で計測されたものとする。

$$\eta = \frac{H}{2}\cos(kx - \omega t)$$

$$F_T = \rho g D H^2 K_D C_D \cos(kx - \omega t)\left|\cos(kx - \omega t)\right| - \rho g D^2 H K_M C_M \sin(kx - \omega t)$$

# 7 海岸地形と表層地質の分類

## Key words

相対的な海面変化（relative sea level change）　沈降（沈水）海岸　リアス海岸　フィヨルド

V型海岸　U型海岸　隆起（離水）海岸　海食崖　波蝕台　元禄関東地震

大正関東地震　土質工学分野の粒度区分　φスケール　岩石海岸　巨礫海岸　礫浜海岸

砂浜海岸　泥浜海岸　サンゴ砂海岸

## 7.1　海岸地形の分類

　パンゲヤの端の小さな領域が，プレートの分裂によって移動し，現在の日本列島の位置にたどり着いた。日本列島は大陸性のユーラシアプレートの縁辺であり，同じく大陸性の北米プレートと海洋性の太平洋プレートおよびフィリピンプレートの衝突によって現在の地形になった。この過程での地殻変動と氷期あるいは間氷期により，**相対的な海面の上昇下降**が繰り返され，地表は河川や波による侵食も受けた。侵食された土砂は河口域，海岸，浅海底，深海底に運搬され，粗い粒子から先に堆積していった。このような経緯を振り返ると，海岸の地形がさまざまであり，海岸ごとに岩質や土砂の粒径が異なることも頷ける。

　一方，ある侵食された海岸を現地踏査するときには，あらかじめ地形図や衛星写真を用いて地形の概形を調べ，現地ではその確認と詳細な海岸地形や表層地質，海浜砂の供給源を調べることになる。しかし，周囲が固い岩礁の岬に挟まれていて流入河川もないような海浜では，海浜砂の供給源がみつからないことがある。このような場合に，たとえば，その海岸の地質年代からの形成過程において，かつては海底にあった**波蝕台**に長い年月を経て砂が堆積し，それが隆起して現在の海浜が形成されたということがわかれば，すなわち，海浜砂の起源がわかれば，現在では十分な漂砂源はないことが明確になる。このように海岸の形成過程は重要な基本情報である。そこで，海岸の地形を地質年代からの形成過程で分類し，その結果として私たちが目にする現在の海岸の構成物質による分類を示す。

## 7.2　地質年代スケールの形成過程による分類

### 7.2.1　沈降（沈水）海岸

　地質年代スケールでみた地形形成の主要因は，地殻変動による沈降隆起や海面の昇降である。地盤の沈降あるいは海面の上昇によって形成された海岸を**沈降（沈水）海岸**という。海面の上昇には

# 7 海岸地形と表層地質の分類

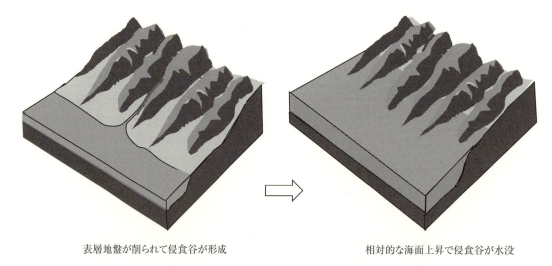

表層地盤が削られて侵食谷が形成　　　　　相対的な海面上昇で侵食谷が水没

図-7.1　沈降（沈水）海岸の形成過程

二通りの要因があり，その一つは海面の高さは変わらないが，地盤の沈降によって生じる海面上昇であり，もう一方は，地盤の高さは変わらないが，氷河の融解によって生じる海面上昇である。いずれの場合も陸から見れば海面上昇なので，相対的な海面上昇と呼ばれることがある。図-7.1 に示したように，沈降前に河川や氷河の浸食によって表層地盤が削られて尾根や谷が形成されていた土地が沈降するか海面上昇が生じると，尾根は岬に，谷は入江になり，平面的には尖った不揃いの刻み目のような海岸線が形成される。この特徴を有する海岸は，日本の三陸海岸に見られるリアス海岸や北欧に見られるフィヨルドである。**リアス海岸**は，湾口から湾奥に向かって徐々に幅が狭くなり，海底地形は元の谷のように **V 型**をしている。一方，**フィヨルド**は湾口と湾奥での幅が大きくは違わず，海底地形は **U 型**をしている。三陸海岸のリアス海岸では，津波が来襲するたびに，3.2 で述べた波高の増大により大きな被害をもたらしている。

## 7.2.2　隆起（離水）海岸

地盤が隆起あるいは海面が低下して形成された海岸を**隆起（離水）海岸**という。海岸近くの海底面は波の作用を受けて平坦になるが，これが地殻変動による隆起や海面の低下によって海面上に出現した地形が形成される。海面の低下には二通りの要因があり，その一つは海面の高さは変わらないが，地盤の隆起によって生じる海面低下であり，もう一方は，地盤の高さは変わらないが，氷期における海水量の減少によって生じる海面低下である。いずれの場合も陸から見れば海面低下なので，相対的な海面低下と呼ばれることがある。図-7.2 に示すように，現在では波蝕台が海面に現れた海岸段丘や前面が波の浸食による断崖絶壁の地形になっていることがある。千葉県の屏風ヶ浦や三陸海岸の北山崎は侵食によって形成された断崖の例である。

図-7.3 は，千葉県九十九里浜への砂の供給源として重要な役割を果たしてきた海食崖の屏風ヶ浦である。図-7.4 に示すように屏風ヶ浦は九十九里浜の北端に位置し，現在の崖高は約 60 m，延長は約 10 km である。崖の地質は砂岩や泥岩で構成されており，風による風化と波による侵食を容易に受けやすいので，毎年 1 m ほどの速度で侵食後退して，1970 年ごろまでに現在の位置になっ

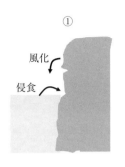

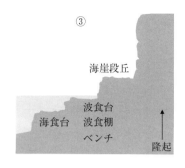

① 海食崖に波が作用して侵食し，さらに風化によってもろくなった表面が崩れる。
② 長い年月を経て，水面近くに平坦面が形成される。波食台（波食棚，ベンチ）の形成。
③ 地震などの地殻変動で隆起し，波食台が海面上に現れる。海岸段丘の形成。

図-7.2　海食崖と海岸段丘の形成過程

図-7.3　海食崖（千葉県屏風ヶ浦）

図-7.4　屏風ヶ浦などの位置

た。その間の侵食土砂は九十九里浜の形成と広い砂浜を維持することに大きく役立った。現在では崖の崩落や侵食対策として崖基部に消波ブロックが設置されたため，その侵食速度は低下している。ただし，風化で滑落した土砂に消波ブロックを通過した波が作用するので，その量は多くはないが，すぐ南の飯岡漁港方向に土砂を供給している。九十九里浜南端には，砂岩と泥岩で構成された**海食崖**の太東埼があり，この岬の侵食も屏風ヶ浦と同様に九十九里浜の形成に大きく寄与した。

**図-7.5(a)** は千葉県勝浦市の海食崖の全景である。この写真は干潮時に撮影したために，波蝕台が表面に現れており，また，奇妙な形に削られた崖表面と海食洞が見られる。これらは侵食作用によって生じたものである。海食崖の侵食過程には，波の作用や浸透した水の凍結融解によって生じる侵食作用（物理作用），貝などの生息による穿孔や亀裂によって生じる脆弱化（生物作用），岩石の気候や気温の変化に起因する変質（風化）による脆弱化（化学作用）がある。**図-7.5(b)** に見られる崖表面の奇妙な形状は，砂岩の地層が先に波の侵食を受けてなくなり，硬くて薄い岩の地層が残っているためであると考えられる。また，海食洞は，砂や礫混じりの波の作用によって，比較的波あたりが強いことから徐々に侵食を受けて空いた洞窟と考えられる。

**図-7.6** は千葉県房総半島の館山市の隆起による海岸段丘（海成段丘，離水海岸地形）である。房総半島南部では6150年前の完新世海成段丘を最高位として，4350年前，2850年前，270年前（1703

7 海岸地形と表層地質の分類

(a) 波蝕棚

(b) 海食洞

図-7.5 海食崖と波蝕棚（千葉県勝浦市）

年元禄関東地震）の4つの段丘面と**大正関東地震**による段丘面を見ることができる。**図-7.6**では，1703年の元禄関東地震と1923年の大正関東地震の段丘面を比較して見ることができる。元禄関東地震の隆起量は5m前後，大正関東地震の隆起量は最大2mであったといわれている[53]。

また，図-7.7に示すように，もとは遠浅で砂質堆積物で形成された海底が隆起あるいは海面が低下して離水した場合には，現在では海岸（海成）平野となっている。たとえば千葉県

図-7.6 海岸段丘（千葉県館山市見物海岸）

① 隆起した台地に火山灰が降積り，固化が徐々に進む

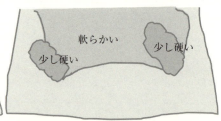
② 海面上昇により，低地が海底に沈み，波による侵食が起きる

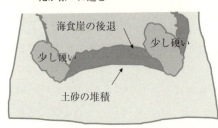
③ 波による侵食が内陸に進み，侵食土砂が前面に堆積する。軟らかい地盤は速く，硬い地盤はゆっくり侵食する

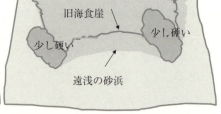
④ 海退と隆起による離水で，浅瀬に堆積した地盤が現れる。岬となった硬い地盤は侵食し続ける

図-7.7 海岸平野の形成過程

---

53) 貝塚爽平ら編：日本の地形4 関東伊豆小笠原，東京大学出版会，p.157

の九十九里平野は，縄文時代の海進（海水面の上昇）により海岸線が陸側に移動したときに形成された砂質の海底が，その後の海退（海水面の低下）により海岸線が沖側に移動して出現した平地であるといわれている。また，海成平野では，陸から海に向かって海岸線に平行ないくつもの浜堤（波の遡上限界付近に形成される砂礫が堆積した堤）の列を発見することがある。これは，かつては陸側にあった海岸線が，段階的な海水面の低下によって，沖側に移動して現在の位置に至った証である。

　現在の私たちが目にする海岸は，沈降（沈水），隆起（離水）あるいは，海進，海退の繰り返しで形成され，さらに波による堆積と侵食，河川からの土砂による堆積によって現在の地形に至った結果である。したがって，現在も地震，気象，海象によってその形を変化させている。地殻変動は地域によって傾向があり，房総半島は地震のたびに隆起しており，海成平野は広がるはずである。しかし一方で，海浜地形を保つように河川から流入していた土砂が，ダムや河岸改修で減少しているために，波や人工物の建設による侵食を補う砂の海岸への供給が不足して，海浜が減少している海岸もある。このように海岸をみるときには，長い年月の流れをも考える必要がある。

## 7.3　海岸の構成材料と地形

　自然の海岸は，石，礫，砂，泥が，単独あるいは複合した構成物質によって形成されている。これらの構成物質は粒径で分類されるが，堆積物を扱う分野では，地盤工学（土質工学），地質学，土壌学で異なる区分が用いられている。底質の粒度組成を表すときには，JIS に示された土の粒度試験方法に則るので，図-7.8 に示す土質工学分野の分類が用いられる。

　一方，地質学では，粒径 $d$（mm）を $\phi = \log_2(d/d_0)$ として表す**φスケール**と呼ばれる区分が用いられる。ここで，$d_0$ は無次元化に用いられている単位値で $d_0 = 1$（mm）である。この区分では，礫と砂の境界は，2 mm（$\phi = -1$），砂とシルトの境界は 1/16 mm（$\phi = 4$）であり若干異なることに注意を要する。この地質学分野の粒度区分と名称を図-7.9 に示す。ここで，粒径は $\phi$ スケール

| 細粒分 | | | 粗粒分 | | | | | | 石分 | |
|---|---|---|---|---|---|---|---|---|---|---|
| コロイド | | シルト | 砂 | | | 礫 | | | 石 | |
| 粘土 | | | 細砂 | 中砂 | 粗砂 | 細礫 | 中礫 | 粗礫 | 粗石 | 巨礫 |

0.001　0.005　0.075　0.25　0.85　2　4.75　19　75　300

粒径（mm）

**図-7.8　土質工学分野の粒度区分と名称**

| 細粒分 | | 細粒分 | | | | | | | | |
|---|---|---|---|---|---|---|---|---|---|---|
| 粘土 | シルト | 砂 | | | | | 礫 | | | |
| | | 極細粒砂 | 細粒砂 | 中粒砂 | 粗粒砂 | 極粗粒砂 | 細礫 | 中礫 | 大礫 | 巨礫 |

| （$\phi$） | 8 | 4 | 3 | 2 | 1 | 0 | −1 | −2 | −6 | −8 |
|---|---|---|---|---|---|---|---|---|---|---|---|
| （mm） | 1/256 | 1/16 | 1/8 | 1/4 | 1/2 | 1 | 2 | 4 | 64 | 256 |

**図-7.9　地質学分野の粒度区分と名称**

7 海岸地形と表層地質の分類

とそれに相当する mm 単位の数値を併記した。

構成物質名称を用いた海岸の名称には、岩石（磯）海岸（図-7.10(a)）、**礫浜海岸**（図-7.10(c)）、**砂浜海岸**（図-7.10(d)）、**泥浜海岸（干潟）**（図-7.10(e)）、**サンゴ砂海岸**（図-7.10(f)）がある。また、巨礫で構成される海岸は**巨礫浜**（図-7.10(b)）、磯と砂で構成された海岸は砂礫浜のようにも呼ばれ、干潟において構成物質に砂が多い場合は砂質干潟、泥が多い場合には泥質干潟と呼ぶことがある。この干潟の区分は、泥の含有率40％以上を泥質干潟、40％以下を砂質干潟とすること

(a) 岩石海岸（千葉県野島埼）　　　　　(b) 巨礫浜（静岡県城ケ崎）

(c) 礫浜（静岡県三保海岸）　　　　　(d) 砂浜海岸（ワイキキ）

(e) 泥浜海岸（干潟）（韓国インチョン）　(f) サンゴ砂海岸（キリバス）

図-7.10　海岸の構成物質と地形分類

がある[54]。

　図-7.10 に示した礫や砂泥で構成された海岸を訪れると，波が遡上する浜辺から浅瀬に向かって傾斜面が形成されている。この傾斜面は，構成物質の粒度に応じた勾配で形成されている。構成物質と勾配の詳細な関係については後述するが，写真からわかるように，泥浜海岸の勾配は非常に緩やか，砂浜やサンゴ砂の海岸は緩やか，礫浜海岸は急斜面である。すなわち，粒径が細かいほど浜辺の傾斜面は緩やかになる。このことは，海岸の断面地形を考えるうえで重要な事項である。

### 復習問題

1. 訪れたことのある海岸や web site で検索した海岸を，図-7.10 に示した構成材料で分類しなさい。
2. 海岸の平面形状は，岬で挟まれた海岸（ポケットビーチ）や直線的に長く続く海岸がある。空中写真や衛星画像が見られる web site を利用して，海岸の平面的な地形を観察しなさい。

　参考：千葉県鵜原海岸を上空から撮影した空中写真を検索してみよう。両端の岬に挟まれた部分が砂浜であり，このような海浜をポケットビーチという。ポケットビーチの特徴は，緩やかに陸側に凹の砂浜が形成されていることである。この海浜の場合は，小さな河川の流入や人工構造物が海浜に建設されているが，汀線付近の形状は全体的に凹であり，ポケットビーチの特徴が良く現れている。海浜の砂は，岬の侵食や河川からの流入による土砂が波の作用によって運搬されて堆積したと考えられる。また，写真には波の峰（波峰）が写っていることがある。波は屈折し，波峰は汀線と同じような湾曲した形状で沖から海浜に向かって広がり，汀線に到達している。このことから，海底の地形は傾斜が穏やかなすり鉢状になっていることも考察される。

---

54）　水産庁（2007）：砂質系干潟の健全度評価手法マニュアル，p.4

# 8 漂砂と海岸地形

## Key words

漂砂　漂砂源　掃流状態（bedload）　浮遊状態（suspended load）
シートフロー（sheet flow）　シールズ数　海岸の縦断面地形　沖浜　外浜　前浜　後浜
波の砕波帯　波の遡上帯　バー　トラフ　バーム　前浜勾配　平衡断面　平衡勾配
移動限界水深　バーム高　波による地形変化の限界水深　土砂の移動高
バーム型海岸（正常海岸）　バー型海岸（暴風海岸）　岸沖漂砂　沿岸漂砂　沿岸漂砂量
CERC 公式　小笹・Brampton の式　沿岸漂砂作用下における汀線や等深線の安定化機構
岸沖漂砂作用下における汀線や等深線の安定化機構　ポケットビーチの汀線の季節変動　砂州
砂嘴　尖角岬　沖の洲島（バリアー）　土砂収支　3 次元海浜変形モデル
3D-SHORE モデル　ポケットビーチ内の安定汀線の予測モデル（Hsu・Evans のモデルと改良モデル）
3 次元静的海浜安定形状の簡易予測モデル　汀線変化モデル　等深線変化モデル
バグノルド（Bagnold）概念に基づく海浜変形予測モデル

## 8.1 漂　　砂

### 8.1.1 漂砂と漂砂源

　ある海岸を四季を通じて観察すると，その度に海岸の地形が異なることに気付く。たとえば，図
–8.1 に示すように，夏には海岸の左側に広がっていた浜が冬には右側に広がっているというよう
な違いである。これは波，流れ，風が季節ごとに異なった方向から作用し，その作用の向きに応じ
て海岸の土砂が移動したためである。このうちの波や流れによる土砂の移動を漂砂，風による移動
を飛砂という。
　漂砂を生じさせる波や流れの作用の大きさは，時空間で変化する。海岸の土砂は多様な粒径の物
質で構成されており，同じ波や流れの作用であっても粒径によって受ける大きさが異なる。さらに，
海浜には，その場に賦存する土砂の他に，海浜の周辺や河川から流入する土砂があり，それらの量
と粒度組成や作用する波浪の性質に応じた漂砂が生じ，その結果としての海浜地形が形成される。
したがって，季節ごとに波の性質が異なれば海浜の地形は異なるし，高波が作用する海浜と穏やか
な波が作用する海浜では地形は異なる。

### 8.1.2 漂　砂　源

　海岸地形の形成には沈降・隆起という地殻変動，河川や波浪による侵食と堆積，氷期と氷期の間

# 8 漂砂と海岸地形

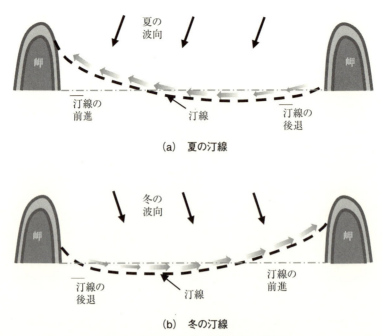

(a) 夏の汀線

(b) 冬の汀線

図-8.1 ポケットビーチの汀線の季節変動

の海面の上昇と下降がかかわっている。多くの海浜は岬に挟まれており，これを地図で見ると海に対して岬が凸で海浜が凹になっている。この凸と凹は海面低下期の山の尾根と河川が作った谷の名残の地形であり，その後に河川流域から流出した土砂が堆積し，平野やその地先に海浜が形成された。このような歴史的な海浜形成過程において河川は重要な土砂の供給源であった。現在では，ダムなどの利水・治水目的の構造物が流域に建設されているが，供給量は減少しているであろうが，海浜に土砂を供給し続けている。また，岬は海食崖となり波による侵食によって土砂を供給する。さらに，隣の海浜から岬をまわり込んで運搬される土砂もある。この他にサンゴ礁から供給される生物起源の砂もあり，サンゴ洲島はその堆積で形成されている。

これらの土砂の海浜への供給の源を**漂砂源**といい，9章で述べる海岸侵食の要因と対策を論じる上できわめて重要な要素である。前述をまとめれば，**図-8.2**のように漂砂源には，河川流域からの供給土砂，崖の侵食による供給土砂，近接する海浜からの供給土砂，場所によるがサンゴの生物

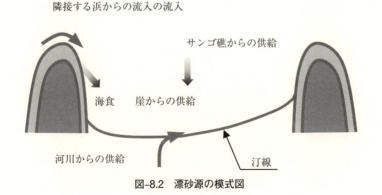

図-8.2 漂砂源の模式図

起源の供給土砂がある。

### 8.1.3 土砂の移動形態

底質土砂の波や流れによる移動の状態は作用する流速の違いで異なり，**掃流状態**（bedload），**浮遊状態**（suspended load），**シートフロー**（sheet flow）に分類されている。土砂に作用する流速を徐々に早くすると，土砂が移動を始める。この状態での土砂の移動形態は底面に沿った滑動あるいは転動であり掃流状態と呼ばれる（図-8.3(a)）。さらに流速が早くなると底面に形成される砂連により渦や乱れが生じて土砂が水中に浮遊し沈降する。このような土砂の運動を浮遊状態と呼ぶ（図-8.3(b)）。さらに流速が早くなると砂連は消滅して底面は平坦面になり，土砂はその上を高濃度の薄層を形成して移動する。この土砂の運動をシートフローと呼ぶ（図-8.3(c)）。このように移動形態は波や流れの流速の大小に依存するので，流速の変化要因となる海底の形状，水深と波諸元の変化によって土砂は異なる移動形態をとることになる。

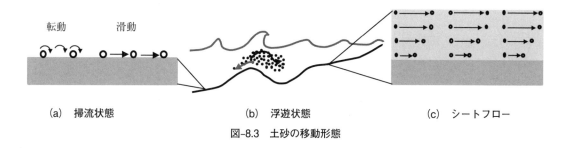

(a) 掃流状態　　　　(b) 浮遊状態　　　　(c) シートフロー

**図-8.3 土砂の移動形態**

土砂の移動形態は，波によって海底面に作用する力（波による底面せん断力）と底質土砂粒子の自重による抵抗力に関係し，その比は次式で表される。この $\psi$ を**シールズ数**という。

$$\psi = \frac{1}{2} \frac{f u_b^2}{sgd} \tag{8.1}$$

ここで，$f$：海底摩擦係数，$u_b$：底面における波の水粒子速度振幅，$s$：砂の水中比重；$(\rho_s/\rho) - 1$，$\rho_s$：土砂の密度，$\rho$：海水の密度である。

土砂の移動形態に対するシールズ数のおよその範囲は，以下のとおりである。

掃流状態：$0.1 < \psi < 0.2$

浮遊状態：$0.2 < \psi < 0.5$

シートフロー：$0.5 < \psi$

## 8.2 海岸の縦断地形

### 8.2.1 波の変形と縦断面地形

前述したように海浜地形と波は深く関係しているが，とくに重要な現象は砕波と遡上・流下である。沖から伝搬した波が浅水域に到達して砕波が起こり始める位置から汀線までの範囲を砕波帯という。また，汀線付近で波が遡上と流下を繰返す範囲を遡上帯という。海浜地形は沖から岸に向かって沖浜，外浜，前浜，後浜に分けられるが，これらは**波の砕波帯**と遡上帯での漂砂と関連付けられ

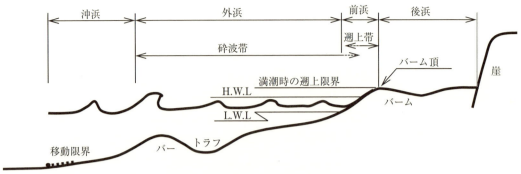

図-8.4 海岸付近の波の変形と海岸地形

ている。図-8.4 は，波の変形と海浜地形の関係を対照して示している[55),56)]。

**沖浜**は底質が移動を始める位置から砕波帯の沖側までの範囲であり，掃流漂砂と浮遊漂砂が生じるがその量は小さい。**外浜**は波の砕波帯に相当する範囲であり，砕波による乱れと流速の増加により大きな浮遊漂砂とシートフローが生じ，漂砂は沿岸流や離岸流によって運搬される。干潮汀線と満潮時の遡上限界の範囲が**前浜**であり，波の遡上帯に相当する範囲である。この範囲の波の作用は砕波に比べればはるかに穏やかではあるが，徐々に浜崖を形成するような比較的大きな漂砂が生じる範囲でもある。**後浜**は暴風時の高波と遡上波が作用する範囲であり，前浜の端部から陸側の砂丘あるいは崖の基部までの範囲である。前浜と後浜の境目にはバーム頂と呼ばれる小高い盛り上がりが形成され，頂部から後ろの地表面は前浜とは逆の勾配であり一般的には**前浜勾配**のほぼ半分の勾配をなしている。

後浜より陸側は飛砂による砂丘が形成されることがある。また，後浜が崖により区切られていることもある。この崖は海食崖であり，その土地が隆起前あるいは海進の時期に波の侵食を受けて形成された地形である。これらの陸側の地形も海浜の形成過程を考察する場合には重要な手がかりを与える。

### 8.2.2 土砂の粒径と前浜勾配

単一な粒径の砂を，水を入れた水路の一端に山積みにして他端から波を作用させると砂山は徐々に海浜のような斜面に変形し，しばらくすると変化がなくなり安定する。このように砂が波によって安定する断面地形を**平衡断面**という。砂の粒径を変えて同じように波を作用させると異なった平衡断面になる。次に粒径の異なる数種類の砂を混合させて同様なことを行うと，単一粒径の時とは異なった平衡断面が得られ，混合の割合によって異なる断面形状になる。このように土砂の粒径は海浜の断面地形に大きく関係する要素であり，従来から多くの研究がなされてきた。断面地形の前浜勾配 $\tan \alpha$ の実用的な算定方法として，Sunamura（1984）[57)] は，土砂の中央粒径 $d_{50}$ のほかに波の砕波波高 $H_b$ と周期 $T$ をパラメータにして次式を提案した。

---

55) 渡辺晃（1991）：第9章海岸の自然・利用・保全，中村英夫『土木工学』，放送大学振興協会，p.106
56) Paul D.Komar（1998）：Beach Processes and Sedimentation, Prince-Hall, Inc., pp.45–47
57) Sunamura, T.（1984）：Quantitive predictions of beach face slope, Geological Society of American Bulletin, Vol. .95, pp.242–245.

$$\tan\alpha = 0.12\Big/\left(\overline{H}_b\big/g^{0.5}d^{0.5}T\right)^{0.5} \tag{8.2}$$

　また，野志ら（2004）[58] は，現地調査の結果に基づき前浜勾配のみならず**移動限界水深**からバーム頂までの範囲の局所平衡勾配が通年の平均波浪に対して次式で求まることを示した。

$$\tan\beta = 0.2d_{50}^{0.91} \tag{8.3}$$

　さらに野志ら（2005）[59] は，混合されている土砂のふるい目粒径 $d^{(k)}$ ごとの**平衡勾配** $\tan\beta^{(k)}$ について次式を提案し，各粒径 $d^{(k)}$ の含有率を考慮して混合土砂の局所平衡勾配を算定する方法を提案した。

$$\tan\beta^{(k)} = 0.16d^{(k)} \tag{8.4}$$

　これらの式（8.3），式（8.4）は簡単な式であるが実海岸の局所平衡勾配をよく表すことができる。ただし，通年の平均波に対する勾配を与えるものであり，暴浪時は対象としていない。

### 8.2.3　縦断面地形の諸元

　海底の土砂が波の作用によって移動し始める水深を移動限界水深といい，これと前浜端部のバーム頂の間で波による地形変化が生じる。移動限界水深は従来から多くの算定式が提案されている [60]。しかし，移動限界水深は土砂の性質（海底土砂の比重，粒径）と波の性質（波高，周期）に依存するので一定にはならない。一方，宇多（1997a）[61] は，数年以上の比較的長い期間で海浜地形を調べると，工学的に有意義な地形変化が見られなくなる水深があることを示した。この水深は，**波による地形変化の限界水深** $h_C$ と呼ばれ，**バーム高** $h_R$（水面からバーム頂までの高さ）と関係付けて次式を示している。

$$h_C = h_R/0.32 \tag{8.5}$$

　また，宇多（2002）[62] は，$h_C$ と未超過確率 95％の波高 $H_{95}$ との関係を次式で示している。

$$h_C = 3.64H_{95} \tag{8.6}$$

　この波による地形変化の限界水深 $h_C$ は，海岸ごとにほぼ一定の値になることが知られている。これは，海象条件と底質条件によって海浜地形が決まっているためであり，外海に面した海岸では 10 m 程度，内湾や内海に面した海岸では 2〜4 m 程度，湖内では 1〜0.5 m 程度である。また，バーム高 $h_R$ については，海浜において計測が容易であり，計測した $h_R$ を基にすれば式（8.5）により $h_C$ を求めることができる。

　この地形変化の限界水深 $h_C$ からバーム高 $h_R$ までの高さを**土砂の移動高**と呼ぶ。一般的に地形変化の数値モデルにおいては，この移動高の範囲で土砂が移動していると考えて土砂移動を計算するので，$h_C$ と $h_R$ の設定は重要である。

---

58)　野志保仁・小林昭男・熊田貴之・宇多高明・芹沢真澄（2004）：底質粒度構成に応じた局所縦断勾配の算定法，海岸工学論文集，第 51 巻，pp.406–410

59)　野志保仁・小林昭男・宇多高明・芹沢真澄・熊田貴之（2005）：局所勾配算定式の適用範囲と底質特性の新しい評価指標，海岸工学論文集，第 52 巻，pp.406–410

60)　土木学会（1999）：水理公式集，丸善，pp.514–515

61)　宇多高明（1997a）：日本の海岸侵食，山海堂，p.7

62)　宇多高明・芹沢真澄・熊田貴之・加留部亮太・三浦正寛（2002）：沿岸漂砂量，波による地形変化の限界水深および波候特性の関係，海洋開発論文集，第 18 巻，pp.803–808

#### 8.2.4 特徴的な縦断面地形

海浜の縦断面地形を顕著に変化させる要因は，作用する波の波高や周期の変化である。台風襲来時のような暴浪時には，静穏時の前浜や後浜の底質が沖に運ばれて**バーム**が消滅して**バー**が形成されることが多い。一方，暴浪の後のように比較的低エネルギーの波が継続して作用する静穏時では，沖の底質が岸に運ばれてバームが発達した海浜が形成される。これらはその特徴からバーム型海岸（正常海岸），**バー型海岸**（暴風海岸）などと呼ばれ，模式的に**図-8.5**のように表される[63]。このような断面地形の変化は，波による岸沖方向の漂砂（**岸沖漂砂**）が主要因である。

ここで，紙面を突き抜ける方向の漂砂（沿岸漂砂）が無視しえると考えると，静穏時にバーム型海岸で岸側に堆積していた土砂は，暴浪時にはバー型海岸での沖側のバーを形成する土砂として沖側に移動しただけで，断面内の土砂量に変化がない状態がある。このように地形変化の前後で土砂量に変化がないことを土砂収支が合っている，あるいは土砂収支のバランスが取れているという。土砂収支があっている場合には，暴浪で沖側に移動してバーや**トラフ**を形成していた土砂は，静穏な波浪が継続すると徐々に陸側に移動してバームを形成する。このようにバーム型海岸からバー型海岸へ変形し，その後に元のバーム型海岸に戻るような現象を，可逆的な地形変化という。したがって，地形変化が可逆的であると判断される場合には，汀線が陸側に後退しても侵食対策は無用である。一方，土砂収支が合わないほどに土砂が流失した場合や，大きな地盤沈下が生じた場合には，対策を講じる必要が生じる。可逆と不可逆の判別は海岸保全において大変重要である。

海浜地形は底質の粒径に大きく依存し，海浜が中砂以上の粒径の土砂で構成されている場合には，継続して穏やかな波が作用すると，粒径に見合った勾配を持つ前浜と明確なバーム地形が形成される。しかし，細砂以下の細粒の土砂で構成された海岸の場合には，波浪が静穏であっても明確なバームは形成されにくく緩勾配の海浜が形成される。また，波浪が比較的静穏な海浜では，河川から流入する粒径が混合した土砂の分級（粒径が粗い土砂と細かい土砂がわかれて空間的に分布する状態）が徐々に進み，比較的粗粒の土砂が岸向きに移動して前浜とバームを形成し，細粒の土砂は干潮時の汀線付近より沖側に緩やかな勾配で堆積し，2つの勾配をもつ縦断面地形を形成することがある[64]。

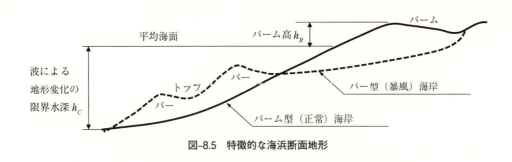

図-8.5　特徴的な海浜断面地形

---

63) Paul D.Komar (1998)：Beach Processes and Sedimentation, Prince-Hall, Inc., p.303
64) 福濱方哉・山本幸次・宇多高明・芹沢真澄・石川仁憲（2006）：混合粒径砂を用いた大型水路実験による縦断形変化の再現と予測，海岸工学論文集，第53巻，pp.446-450

## 8.3 海岸の平面地形

### 8.3.1 平面地形に寄与する漂砂

沖合から等深線に対して斜めに波が入射すると，波峰線が汀線と同じ形状に近づくように屈折しつつ浅水変形により波高を増大させて砕波し，前浜を遡上して引き波になる．この過程において地形変化の限界水深 $h_c$ 以浅で土砂の移動が生じ，波向の変化に応じて岸沖漂砂の向きも変化する．また，波の屈折により空間的に海面の高さに勾配が生じ，砕波の位置も均一ではないため，汀線に平行で波向に鈍角な方向の海水の動き（沿岸流）が生じる．さらに，汀線の法線に対して斜めに波が前浜を遡上するときには，遡上波はこの波向で遡上するが，その引き波は重力の作用で汀線の法線に近い角度で前浜を下る．したがって，汀線付近の遡上波と引き波の軌跡は遡上時の波向に鈍角な方向に進むジグザグな形状になる．この一連の海水の動きによる土砂移動を**沿岸漂砂**という．沿岸漂砂は海岸の平面地形の形成に大きく寄与する漂砂である．これらの過程を模式的に図-8.6 に示す．

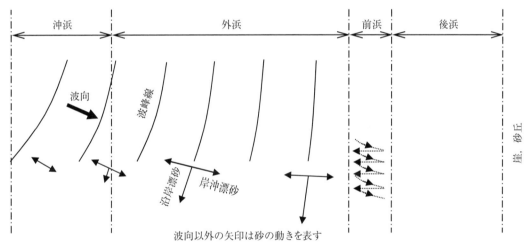

図-8.6 平面地形に寄与する漂砂

### 8.3.2 沿岸漂砂量

**沿岸漂砂量**を求めるには，波や沿岸流の底面流速と関係づけて求める方法や，波のエネルギーフラックスの沿岸方向成分と関連付けて求める方法があり，後者は **CERC 公式**として広く用いられている．この式は，沿岸漂砂量 $q_l$($\mathrm{m^3/s}$) の水中重量（N/s）が，砕波点における波のエネルギーフラックスの沿岸方向成分 $P_l$(N/s, Watts) と等しいと仮定した式であり，次式で与えられる．

$$(\rho_s - \rho)g(1-\lambda)q_l = K(EC_g)_b \sin\alpha_b \cos\alpha_b \tag{8.7}$$

ここで，$\rho_s$：砂の密度，$\rho$：海水の密度，$\lambda$：砂の空隙率で通常 0.4，$K$：無次元係数，$(EC_g)_b$：砕波点のエネルギーフラックス $= \dfrac{1}{8}\rho g H_b^2 C_{gb}$，$C_{gb}$：砕波点における群速度，$H_b$：砕波波高，$\alpha_b$：砕波角（砕波点の波峰線と汀線のなす角）である．この式に対して砕波波高の沿岸分布が考慮できるように改良した次式の**小笹・Brampton の式**は，地形変化の数値計算によく用いられている．

$$q_l = \frac{\varepsilon(z)(EC_g)_b}{(\rho_s-\rho)g(1-\lambda)}\left(K_1 \sin\alpha_b \cos\alpha_b - \frac{K_2}{\tan\beta_c}\frac{\partial H_b}{\partial x}\cos\alpha_b\right) \tag{8.8}$$

ここで，$\varepsilon(z)$：沿岸漂砂の水深方向分布，$x$：沿岸方向の座標，$\tan\beta_c$：平衡勾配，$K_1, K_2$：無次元係数である。これらの式から示されるように，砕波角が大きくなれば（汀線の法線と波向のなす角度が大きくなれば）沿岸漂砂量も大きくなる。また，汀線や等深線と波向が直角になると沿岸漂砂量はなくなるので，海岸地形は安定する（変化しなくなる）。このことは，**沿岸漂砂作用下における汀線や等深線の安定化機構**といわれている。

一方，岸沖漂砂量 $q_z$ は，沿岸漂砂量と同様に考えると，次式で与えられる。

$$q_z = \frac{\varepsilon(z)(EC_g)_b}{(\rho_s-\rho)g(1-\lambda)} K_3 \cos^2\alpha_b \sin\beta_c \left(\frac{\tan\beta_c}{\tan\beta}-1\right) \tag{8.9}$$

ここで，$\tan\beta$：海底勾配，$\tan\beta_c$：平衡勾配であり，$K_3$：無次元係数である。

この式から，$\tan\beta = \tan\beta_c$ のときは，岸沖漂砂量は $q_z = 0$ であり地形変化は生じない。また，$\tan\beta > \tan\beta_c$ のときは，岸沖漂砂量は $q_z < 0$ となり，岸沖漂砂による堆積は生じず，平衡勾配になるまで侵食が続く。さらに，$\tan\beta < \tan\beta_c$ のときは，岸沖漂砂量は $q_z > 0$ となり，岸沖漂砂による堆積が生じ，平衡勾配になるまで堆積が続く。このことは，**岸沖漂砂作用下における汀線や等深線の安定化機構**といわれている。

### 8.3.3 特徴的な平面地形

平面地形には，**図-8.1** に示したポケットビーチの汀線の季節変動や，**図-8.7** に示す**砂州**，**砂嘴**，**尖角岬**，**沖の洲島（バリアー）**の発達がある。

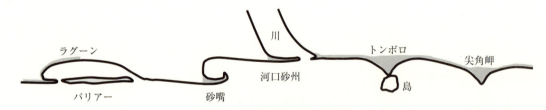

図-8.7 特徴的な海浜の平面地形

バリアーは，湾口や河口の砂州がその一端あるいは両端から伸長してそれらの口を閉塞させるような地形である。また，バリアーによって閉じられた水域をラグーン，潟，潟湖とよぶ。完全に閉鎖されておらず海と通じる潮口が開いている場合には潮汐による海水の流入があるのでラグーン内の水は汽水となる。河口砂州による河口閉塞は河川流の氾濫につながるので，堆積を阻止する構造物（河口導流堤）が建設されることが多い。この代表的な地形が，北海道のサロマ湖である。

**砂嘴**は，湾に面した海岸や岬の先端など，沿岸漂砂の下流端に発達する堆積地形で，海に突出した砂礫の洲であり，直線状や円弧状の特徴的な美しい地形を形成する。砂嘴の形成過程は，**図-8.8**に示すように河川や海食崖から多量な土砂が供給され，さらに一方向から斜め入射波が卓越することで形成される。沿岸漂砂によって砂嘴が形成されるので，砂嘴の下手側は漂砂量が減少する。この代表的な地形が，北海道野付半島である。

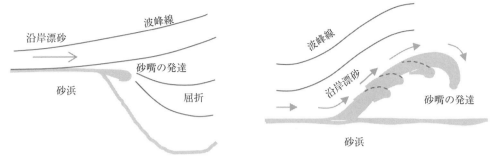

図-8.8 砂嘴の形成過程

舌状砂州（トンボロ）は**図-8.9**に示したように，孤立した島の陸側の静穏域に土砂が堆積して形成される。このような舌状砂州によって陸と繋がった島を陸繋島という。たとえば，神奈川県江の島はトンボロで陸と繋がった陸繋島である。

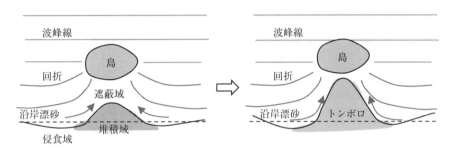

図-8.9 トンボロの形成

**尖角岬**は**図-8.10**に示したように，逆向きの2方向の波の作用によって形成される地形である。この代表的な地形が，千葉県富津岬である。

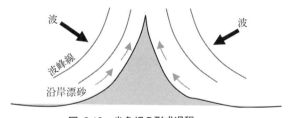

図-8.10 尖角岬の形成過程

### 8.3.4 土砂収支

**図-8.11(a)**のような突堤で挟まれた海浜を考える。河川からの供給土砂量を$C^+$，沿岸漂砂によって突堤を超えて供給される土砂量を$Q^+$，飛砂によって砂丘や背後地へ移動して消失する土砂量を$C^-$，沿岸漂砂によって突堤を超えて消失する土砂量を$Q^-$，移動限界水深を超えて沖向きに消失する土砂量を$V^-$とすれば，この海岸の供給と消失の差$\Delta$，すなわち**土砂収支**は式（8.10）で表される。この海浜において供給と消失が同じであれば地形は安定（$\Delta=0$），供給が消失を上回れば堆積（$\Delta>0$），消失が供給を上回れば侵食（$\Delta<0$）となる。

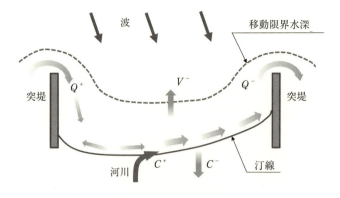

(a) 突堤で挟まれた海浜

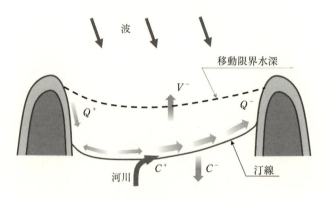

(b) 岬で挟まれた海浜

図-8.11 土砂収支の概念

$$土砂収支 \Delta = (C^+ + Q^+) - (C^- + V^- + Q^-) \tag{8.10}$$

$\Delta = 0$：安定，$\Delta > 0$：堆積，$\Delta < 0$：侵食

一方，図-8.11(b)のような天然の岬で挟まれた海浜の場合には，岬の先端の水深は移動限界水深よりも深いとすれば，岬を超えて流入出する土砂はなく，岬からは崖侵食によって供給される土砂のみである．したがって，波向きの季節変化による汀線の変動はあるものの安定した地形が形成される．

## 8.4 海浜地形変化の予測モデル

以上に述べた海浜への土砂の流出入や安定化機構を境界条件として，海浜地形変化を数値計算で予測することができる．海浜地形変化の計算は，検討対象の海浜の地形や質（土砂粒径）が変化した要因や，その修復方法の検討に用いられる．たとえば，侵食が生じた海岸の復旧対策の立案と検証，海岸保全施設による対策を実施した後の変化，暴浪などによる短期的な変化とその後の復元状況などを知りたい場合に実施される．

このような現象を推定するための数値モデルが海浜地形変化の予測モデルであり，従来から多く提案されている．それらの主な予測モデルを空間スケールと時間スケールで整理すると図-8.12の

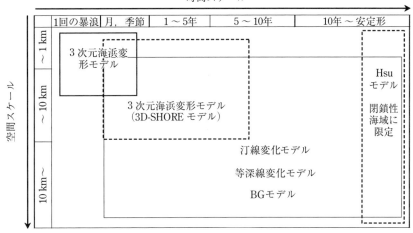

図-8.12 海浜変形予測モデルの利用範囲（文献65）を参考に加筆）

ようになる。

海浜地形変化の計算は，主に海岸保全施設の設計に用いられ，検討対象の海浜の地形や質（土砂粒径）について，現況に変化した要因の推定，侵食が生じた海岸への対策の立案とその検証，養浜や構造物を設置した後の長期的な海浜の安定の予測，暴浪などによる短期的な変化とその後の復元予測などに対して用いられる。数値計算の主な条件は，海岸を構成する土砂の粒度組成とそれに応じた平衡勾配，海岸に作用する波浪の波高，周期，波向，海底地形，バーム高，地形変化の限界水深，計算領域に流入する漂砂量，構造物の配置である。これらの条件を用いて，検討する対象海岸の特徴や再現したい事象により，海浜変形の予測モデルは使い分けられる。

主な予測モデルには，3次元海浜変形モデル[66]，3D-SHOREモデル[67]，**ポケットビーチ内の安定汀線の予測モデル（Hsu・Evansのモデル[68]とその後の改良モデル**[たとえば69]），**3次元静的海浜安定形状の簡易予測モデル**[70]，汀線変化モデル[71]（ワンラインモデル，1ラインモデル），3次元の動的海浜変形を予測するモデルとして等深線変化モデル[たとえば72]，バグノルド（Bagnold）概念に基づく海浜変形予測モデル[たとえば73]がある。

---

65) 渡辺晃（1985）：第3編 海浜地形変化の予測モデル 第1章，堀川清司編「海岸環境工学」，東京大学出版会，p.215
66) 土木学会海岸工学委員会研究現況レビュー小委員会編（1998）：漂砂環境の創造に向けて，土木学会，pp.217-220
67) Shimizu,T., Kumagai,T., and Watanabe A.（1996）：Improved 3-D beach evolution model coupled with the shoreline model (3D-SHORE), Proceedings of 25th ICCE, pp.2843-2856
68) Hsu, J.R.C. and C. Evans: Parabolic bay shapes and applications, Proceedings of the Institution of Civil Engineers, Part 2, Vol.87, pp.557-570.
69) 芹沢真澄・宇多高明，三波俊郎，古池鋼・神田康嗣（2000）：Hsuモデルの3次元海浜変形予測モデルへの拡張，土木学会海岸工学論文集，第47巻，pp.601-605
70) 酒井和也・小林昭男・宇多高明・芹沢真澄・熊田貴之（2003）：波の遮蔽構造物を有する海岸における3次元性的安定海浜形状の簡易予測モデル，土木学会海岸工学論文集，第50巻，pp.496-500
71) 高木利光（1998）：第III編第2章2.3.1汀線変化モデル，土木学会海岸工学委員会研究現況レビュー小委員会「漂砂環境の創造に向けて」，pp.232-238
72) 野志保仁・小林昭男・宇多高明・熊田貴之・芹沢真澄（2008）：粒度組成と個々の粒径に対応した複合平衡勾配を考慮した海浜変形・粒径変化予測モデル，地形，Vol. 29, pp.399-419
73) 芹沢真澄・宇多高明・熊田貴之・三波俊郎・古池剛・石川仁憲・野志保仁（2006）：Bagnold概念に基づく混合粒径海浜変化の予測モデル，海岸工学論文集，第53巻，pp.626-630

**3次元海浜変形モデル**は，比較的短期間の局所的な地形変化を対象とした予測モデルである。波浪場と海浜流場の計算を行い，これらを外力として漂砂を計算するので，漂砂機構については理論に忠実な方法である。このモデルを拡張した**3D-SHORE モデル**は長期間で比較的広域の海浜変形予測が可能であるが，地形変化の過程で波浪場と海浜流場を繰り返すために，長い計算時間が必要である。

Hsu・Evans モデルは防波堤やヘッドランドの背後の静穏域に形成される弓形の安定汀線を経験的な回帰式で予測する方法であったが，その後の改良モデルでは，護岸や防波堤が設置されたポケットビーチの汀線と等深線の予測が可能である。さらに3次元静的海浜安定形状の簡易予測モデルでは，陸上の波の遡上域までの変化が予測できる。ただし，これらの方法は海浜変形後の最終的な安定地形の予測を対象としており，最終地形に至る経時変化は計算されない。

これに対して**汀線変化モデル**は，沿岸漂砂による汀線の変化を予測するモデルである。ただし，モデルの名前の示す通り汀線の経時変化は計算できるが等深線の変化は計算できない。この問題点を解決した計算法が**等深線変化モデル**である。この方法は前掲の式（8.10）を用いて等深線の位置を求め海浜地形を予測する方法であり，混合粒径で構成された海浜の3次元的な海浜変形が可能である。ただし，海岸において構造物の配置が複雑である場合や，バーのように深浅に凹凸がある場合には取扱いが困難である。この問題を解決し，砂嘴，尖角岬の発達のような複雑な海浜変形を合理的に計算することが可能なモデルが**バグノルド（Bagnold）概念に基づく海浜変形予測モデル**である。実務においてこれらのモデルは，表現したい現象に応じて使い分けがなされている。なお，文献74）には，等深線変化モデルと BG モデルの特徴や，地形変化予測に必要な漂砂量式と土砂量の保存則の定式がわかりやすく述べられているので，参考にされたい。

### 復習問題

1. 8章8.3 および8.4 で解説したことを基にして海浜の土砂の動きを考察しなさい。

参考：沖浜では掃流漂砂と浮遊漂砂が生じるがその量は小さいが，外浜は砕波帯であるから砕波による乱れと流速の増加により大きな浮遊漂砂とシートフローが生じる。この土砂の堆積先には条件がある。まず，波は浅海域では砕波後も屈折をして汀線に直角方向になるので，波向きと汀線のなす角が直角になって安定していると，前浜にたどり着いた土砂は沿岸方向には移動せず岸沖方向に移動しつつ堆積が可能かを探ることになる。しかし，粒径によって堆積できる勾配，平衡勾配があるので，前浜勾配がその土砂の粒径に見合う勾配より急であれば堆積することはなく，沖方向に移動しつつ，さらに沿岸方向に移動する。一方，これらと反対のことであれば，汀線の方向と勾配が安定するまで前浜に土砂が堆積する。このように漂砂による地形変化には，波向きと汀線のなす角度，粒径に見合った平衡勾配という2つの安定化機構がある。

私たちが目にすることができる海浜地形は水面から上の前浜地形である。前浜地形は土砂粒径に大きく依存する。前浜の勾配は寄せ波と戻り流れの平衡によって安定するが，戻り流れの強さは粒径に支配される浸透性に関係する。土砂の粒径が粗い場合には浸透性が高いので，戻り流れ

---

74）芹沢真澄・宇多高明・宮原志保（2014）：海岸技術者のための海浜変形モデル，第24回海洋工学シンポジウム，OES24-001，CD-ROM

が弱くなり土砂は急な勾配の前浜を形成する。一方，土砂粒径が細かい場合には浸透性が弱いために緩勾配の前浜が形成される。また，河川からの供給土砂は粗粒と細粒の混合土砂である。内湾の波が比較的静穏である海浜では，粗粒砂がその粒径に見合った勾配の前浜とバームを形成し，前浜先端から沖側には細粒砂が緩勾配の浜を形成する。

2. 北海道サロマ湖の空中写真をインターネットで検索して，地形形成過程を説明しなさい。

参考：北海道サロマ湖では沿岸砂州（バリア）と潟湖（ラグーン）が見られ，北海道野付半島は典型的な砂嘴である。写真の左あるいは右の海岸に季節に応じた斜めの波が作用し，その淵から写真中央に向けて砂が注ぎ込んで砂州を形成し，これがさらに進展してついには接続した結果の地形である。

3. 北海道野付半島の空中写真をインターネットで検索して，地形形成過程を説明しなさい。

参考：海岸が急角度で陸側に屈曲している箇所があり，その海岸から沿岸に沿う砂の移動が豊富な場合に，屈曲部から砂が海に流れ込み，徐々に砂州の延長が増加し，砂州の先端部の波向によって砂が嘴のように曲がるので，このような地形が形成されている。この地形は一度にできているのではなく，小さなものから徐々に大きく発達していることが，砂嘴の付け根付近からの縞状の模様でわかる。

4. トンボロや尖角岬の地形についても空中写真をインターネットで検索して，地形形成過程を説明してみよう。

5. 式（8.7）で示した沿岸漂砂量 $q_l$ について考察しなさい。

$$(\rho_s - \rho)g(1-\lambda)q_l = K(EC_g)_b \sin\alpha_b \cos\alpha_b \tag{8.7}$$

$$(EC_g)_b = \frac{1}{8}\rho g H_b^2 C_{gb}$$

参考：$C_{gb}$ は長波の波速として取り扱い，$\gamma_b = \dfrac{H_b}{h_b} = 1$ とすれば，

$$C_{gb} = \sqrt{g(h_b + H_b)} = \sqrt{gH_b\left(\frac{h_b}{H_b}+1\right)} = \sqrt{2gH_b}$$

$$(EC_g)_b = \frac{\sqrt{2}}{8}\rho g^{1.5} H_b^{2.5}$$

したがって，単位時間当たりの沿岸漂砂量は，

$$q_l = \frac{\sqrt{2}K}{8(\rho_s - \rho)g(1-\lambda)}\rho g^{1.5} H_b^{2.5} \sin\alpha_b \cos\alpha_b$$

ここで，$\rho_s = 2\,650\,\text{kg/m}^3$，$\rho = 1\,020\,\text{kg/m}^3$，$\lambda = 0.4$ とすると，

$$(\rho_s - \rho)g(1-\lambda) = 9\,584\,\text{N/m}^3$$

また，1日当たりの沿岸漂砂量に対する $K$ を 0.7 として，$q_l$ を1日当たりの漂砂量に換算して $Q_l$ とすると，

$$Q_l = \frac{\sqrt{2}\times 0.7 \times 60^2 \times 24}{8\times 9\,584}\rho g^{1.5} H_b^{2.5} \sin\alpha_b \cos\alpha_b$$

$$= 1.1\,\rho g^{1.5} H_b^{2.5} \sin\alpha_b \cos\alpha_b$$

となる。波のエネルギーを考えるときの砕波波高 $H_b$ は root-mean-square 値を基にするが，砕波

の有義波高 $H_{bs}$ を用いて漂砂量を求めたいときには，$\dfrac{H_{bs}}{H_b} = \sqrt{2}$ として [75]，

$$Q_l = 0.46 \rho g^{1.5} H_{bs}^{2.5} \sin \alpha_b \cos \alpha_b$$

を得る。ここで，$Q_l$ の単位は $\mathrm{m^3/day}$ である。

---

[75] Longuet–Higgins, M. S.（1952）：ON THE STATISTICAL DISTRIBUTION OF THE HEIGHTS OF SEA WAVES, Journal of Marine Research, Vol.11, No.3, pp.245–266

# 9 沿岸の利用と海浜地形

**Key words**

海岸侵食　卓越沿岸漂砂阻止に起因する侵食　波の遮蔽域形成に伴って周辺海岸で起こる侵食
離岸堤建設に起因する周辺海岸の侵食　保安林の過剰な前進に伴う海浜地の喪失
護岸の過剰な前出しに起因する前浜の喪失　供給土砂量の減少に伴う海岸侵食
海砂採取に伴う海岸侵食　地盤沈下による海岸地形変化　気候変動による海岸地形変化

## 9.1 海岸侵食

### 9.1.1 海岸侵食

　砂浜海岸の土砂が減少して汀線が陸側に後退することを**海岸侵食**という。現在の砂浜海岸は，地盤の隆起・沈降や氷期と間氷期の相対的な水位の変動，河川や海食崖からの土砂供給，河川流と波浪による侵食と堆積によって形成されてきた。この歴史的な時間スケールで安定した地形に対して，異常な擾乱や改変がなされたときに海岸侵食は発生する。

　汀線の後退は，たとえば地震による**地盤沈下**による相対的な海面上昇のように，避けようもない自然要因によって生じることがある。しかし一方で，私たちの安全で快適な生活を目的に建設されたダムや砂防ダムによって河川からの土砂供給量が減少し，砂浜からの流出土砂量との収支が合わなくなった場合にも汀線は後退する。その他にも海食崖からの土砂共有量の減少は，海食崖の崩壊を抑止するための構造物の建設によって生じる。また，海浜の漂砂を止めるような改変，すなわち港湾や漁港の防波堤の建設によっても汀線は変化し，この場合は侵食とともに異常な堆積域が出現する。このように海岸侵食の要因は多様であり，人為による海岸侵食の要因は7つに分類されている。これに地盤沈下を加えて，以下に解説する。

### 9.1.2 砂浜に構造物を建設したことによる海岸侵食の例 [76]

　図-9.1 は，海岸に突出した構造物を建設した場合の愛知県渥美半島の太平洋に面した赤羽漁港周辺海浜で生じた異常な堆積と侵食を示した空中写真である。図-9.1(a) は 1946 年に撮影された空中写真であり，海岸線に沿って約 100 m の砂浜が連続して伸びていた。しかし，図-9.1(b) に示すように海浜中央部の小河川河口の上流に漁港が建設され，河口部の港口に徐々に防波堤が建設

---

76) 三浦正寛・小林昭男・宇多高明・芹沢真澄・熊田貴之 (2004)：基本資料不測の海浜における汀線変化予測モデルの開発，海岸工学論文集，第 51 巻，pp.436–440

(a) 1946年の海浜の状況

(b) 1995年の海浜の状況

図-9.1 愛知県渥美半島赤羽根漁港周辺の海浜で生じた海岸侵食

され，これによって西向きの沿岸漂砂が阻止された。その結果，河口左岸側の東側海浜には阻止された大量の砂上が堆積し，左岸側の西側海浜では漂砂の供給が途絶えて侵食が顕著に進んで砂浜は喪失した。そのために，西側海浜には離岸堤が建設されたが，その効果は低い。このように海浜に対して人為の改変がなされると海浜は容易にその形を変えて侵食が生じる。

### 9.1.3 海浜への土地利用の拡大による海岸侵食の例[77]

　房総半島南部の千葉県豊岡海岸は大房岬の北側に位置する南北約400mのポケットビーチであり，北側の岬と南側の豊岡泊地防波堤に挟まれている。図-9.2(a) は1970年の空中写真であり，豊岡泊地では岩礁背後に逆L字型の防波堤が建設されているものの，狭いながら長さ約300mの砂浜を有する天然の海水浴場であった。その後，1975年には，豊岡泊地の防波堤の先端部が新たに25m北向きに伸ばされ，図-9.2(b) に示すように1985年までには岩礁aには突堤が新設され，突堤aと岩礁bの間が埋め立てられて船揚場が建設された。一方，突堤aの南側隣接部では防波堤による波の遮蔽域方向へと南向きの沿岸漂砂が発生したため，突堤隣接部の汀線が後退した。このため矢印c付近では護岸が造られた。しかし，侵食の根本的な対策がなかったために侵食は止まらず，2011年では侵食域を大きく取り囲むように図-9.2(c) の矢印c付近でさらに護岸の前出しが行われ，旧護岸との間に道路が建設された。この結果豊岡海水浴場の約半分が人工構造物で覆われ，自然海浜が消失した。

---

77) 黒澤祐司，小林昭男，宇多高明，遠藤将利（2012）：海岸線付近の土地利用の変化と海浜変形−房総半島南部の豊岡海岸の例−，日本沿岸域学会研究討論会講演概要集，（CD−ROM），Vol.25，論文No.8-4

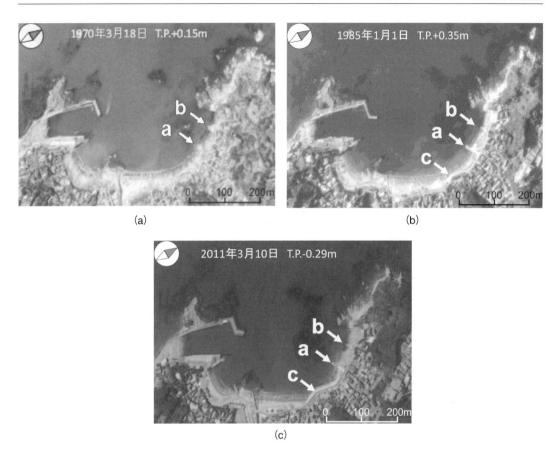

図-9.2 千葉県豊岡海岸で生じた海浜への土地利用の拡大により生じた海岸侵食

## 9.1.4 地盤沈下によって生じた汀線後退の例

2011年3月11日に発生した東北地方太平洋沖地震により東北地方の太平洋沿岸地域では数十cmの地盤沈下が生じ，海面上昇と同様の事態が起きた。地球温暖化における海面上昇はIPCCレポートによれば100年間で50cm程度とされているが，これに匹敵する現象が短時間で起きたことになる。この沈下とそれによる汀線の後退により，従来から侵食傾向のあった海浜ではさらに侵食が進むことが懸念されている[78]。また，地形変化とともに，海浜植物に対しては海水を含む地下水位上昇が懸念され，茨城県東部の涸沼ではこの影響が顕在化している[79]。

涸沼は，茨城県東部に位置する面積9.4 km$^2$，平均水深2.1 mの汽水湖である。この湖は涸沼川，那珂川を経て太平洋と繋がっており，湖岸沿いには松やヨシなどさまざまな植生が繁茂している。また涸沼西端部の北・南岸にはそれぞれ親沢鼻と弁天鼻が形成されており，北岸にある親沢鼻の公園は多くの人々が訪れる景勝地となっている。図-9.3(a)～(c)に示すように親沢鼻先端では従来から汀線の後退が進み，湖浜の松に汀線が徐々に迫っていた。しかし，地盤沈下により相対的に水

---

78) 小林昭男・宇多高明・大貫聡・野志保仁（2012）：地震による地盤沈下を考慮した福島県四倉・夏井海岸の海浜変形予測，土木学会論文集B2（海岸工学），Vol.68, No.2, pp.I_646–I_650
79) 小林昭男・宇多高明・遠藤将利・増田康太（2013）：涸沼親沢鼻の近年の変形と東北地方太平洋沖地震時の地盤沈下の影響，土木学会論文集B2（海岸工学），Vol.69, No.2, I_701–I_705

9　沿岸の利用と海浜地形

(a)　親沢鼻南東端にある突堤西側の砂州
　　　（2000年4月2日撮影）

(b)　親沢鼻南東端にある突堤西側の砂州
　　　（2007年6月13日撮影）

(c)　親沢鼻南東端にある突堤西側の砂州
　　　（2010年5月21日撮影，水位T.P.+0.43 m）

(d)　親沢鼻南東端にある突堤西側の砂州
　　　（2012年8月6日撮影，水位T.P.+0.46 m）

図-9.3　茨城県涸沼での地盤沈下によって生じた水位上昇と汀線後退による影響

位が上昇し，かつ汀線が後退して図-9.3(d)の状態になり，図中の松Bは根元に対策を施したにもかかわらず危機的な状態に陥いり，その後，枯れたために伐採された。

## 9.2　海岸侵食の要因

宇多（1997[80]；2004[81]；2017[82]）によれば人為による海岸侵食の要因は次の7つとされている。

① 卓越沿岸漂砂阻止に起因する侵食
② 波の遮蔽域形成に伴って周辺海岸で起こる侵食
③ 離岸堤建設に起因する周辺海岸の侵食
④ 保安林の過剰な前進に伴う海浜地の喪失
⑤ 護岸の過剰な前出しに起因する前浜の喪失

---

80)　宇多高明（1997）：日本の海岸侵食，山海堂，pp.399–406
81)　宇多高明（2004）：海岸侵食の実態と解決策，山海堂，pp.7–229
82)　Takaaki Uda（2017）："Japan's Beach Erosion," Second edition, Advance Series on Ocean Engineering–Volume 43, World Scientific, p.527

⑥ 供給土砂量の減少に伴う海岸侵食
⑦ 海砂採取に伴う海岸侵食

以下にこれらの要因を前掲の文献に従って概説する。

### 9.2.1 卓越沿岸漂砂阻止に起因する侵食

沿岸漂砂が卓越する砂浜海岸において，海岸から沖向きに突堤や防波堤が建設されると沿岸漂砂が阻止され，漂砂の上手側では堆積，下手側では侵食が生じて図-9.4のような状況になる。

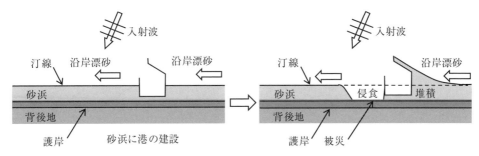

図-9.4 卓越沿岸漂砂阻止に起因する侵食

### 9.2.2 波の遮蔽域形成に伴って周辺海岸で起こる侵食

卓越漂砂の向きにかかわらず海岸に波の遮蔽域を形成するような構造部を建設した場合には，波向きと波高の分布や地形の変化が合間って遮蔽域に向かう沿岸漂砂が誘発されて，図-9.5のように漂砂源となる部分では侵食，遮蔽域では堆積が生じる。

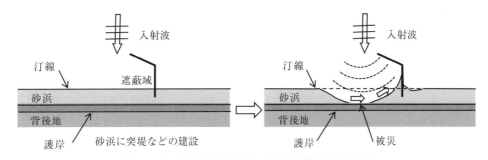

図-9.5 波の遮蔽域形成に伴って周辺海岸で起こる侵食

### 9.2.3 離岸堤建設に起因する周辺海岸の侵食

図-9.6(a)に示すようにポケットビーチに離岸堤を設置すると，離岸堤背後には静穏息が形成されて舌状砂州（トンボロ）が発達するが，その漂砂源となる離岸堤の外側の海岸では侵食が生じる。一方，図-9.6(b)のようにポケットビーチの端部に離岸堤を配置した場合には，離岸堤方向の沿岸漂砂で離岸堤背後に堆積した土砂は，波向きが季節変動で変化し沿岸漂砂の向きが変わっても離岸堤背後から抜け出すことはできずに，舌状砂州を形成し続けるので，離岸堤のない範囲の海浜は侵食され続けることになる。

9 沿岸の利用と海浜地形

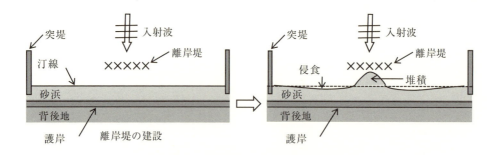

(a) ポケットビーチの中央に離岸堤を建設した場合

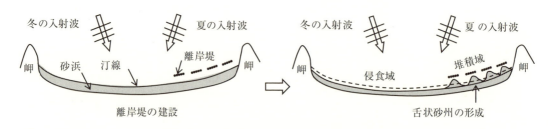

(b) ポケットビーチの端部に離岸堤を建設した場合

図-9.6 離岸堤建設に起因する周辺海岸の侵食

### 9.2.4 保安林の過剰な前進に伴う海浜地の喪失

海岸の背後の田畑や居住者を海塩や飛砂から守るために多くの海岸の背後には保安林が整備されている。この保安林が海岸近くまで植えられると，暴浪時の汀線変化の影響を受け無いように土堤やコンクリート製護岸が建設されることがある。暴浪の度に護岸全面の海浜の土砂が移動して浜幅が狭まり，ついには海浜は消滅することが多い。このような場合，暴浪時の護岸による海水の飛沫低減あるいは護岸前の侵食による護岸の崩壊防止として消波ブロックが建設され，図-9.7のような海岸になる。

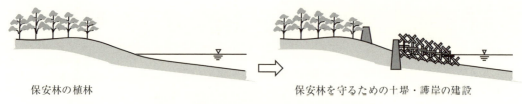

図-9.7 保安林の過剰な前進に伴う海浜地の喪失

### 9.2.5 護岸の過剰な前出しに起因する前浜の喪失

海岸に沿った道路や駐車場の建設に伴って，その海側には直立護岸が建設されていることが多い。多くの場合，護岸全面には砂浜が残されており暴浪時の緩衝機能を有しているが，砂浜へのアクセスや親水性を向上する目的で，直立護岸から緩傾斜護岸への変更がなされることがある。この場合，図-9.8に示すように緩傾斜護岸により砂浜が狭められるので，前面に暴浪に対して十分な浜幅を

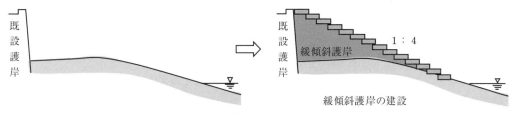

**図-9.8 護岸の過剰な前出しに起因する前浜の喪失**

残す必要がある．これができない場合には，砂浜による暴浪の緩衝機能の低下，緩傾斜面を遡上する波の越流による浸水被害，緩傾斜護岸法先の侵食による護岸構造の崩壊に至ることがある．

### 9.2.6 供給土砂量の減少に伴う海岸侵食

河川や海食崖からの土砂供給と海底谷へ落込みや隣接する海岸への土砂流出が均衡していた海岸において，**図-9.9** に示すように河川からの土砂供給量の減少や崖侵食防止による土砂供給量の減少により，流出土砂量に対して供給土砂量が不足して海岸が侵食することがある．

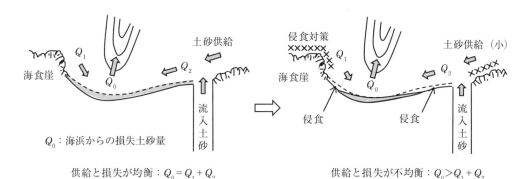

**図-9.9 供給土砂量の減少に伴う海岸侵食**

### 9.2.7 海砂採取に伴う海岸侵食

海岸近くの航路浚渫，河口浚渫，土砂採取による海底への窪地の形成は，その窪地が波による地形変化の限界水深よりも浅い場合には，窪地を埋め戻して平衡断面を形成するための土砂移動が生じ，**図-9.10** に示すような汀線の後退や浜崖の形成が生じる．

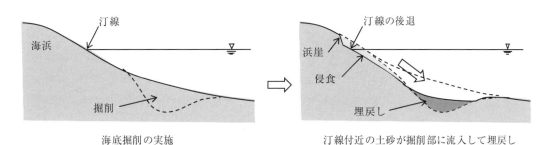

**図-9.10 海砂採取に伴う海岸侵食**

## 9.3 気候変動と海岸侵食

**気候変動**による海岸への影響は，海面上昇と大きな低気圧による暴浪の作用である。海面上昇による地形変化については，現状の縦断面地形を保ったまま汀線が後退すると説明されることがある。これは，地盤沈下による相対的な海面上昇の場合も同じ説明がなされるのであるが，現実にはもう少し複雑である。汀線の背後にバームや砂丘が形成されている浜幅の広い自然海岸では，バーム背後の砂は飛砂で形成されているので，前浜より粒径が細かい。したがって，海面上昇によって現状のバームを超えて波が作用すると，新たな前浜は土砂が細粒のために緩傾斜になり，高波による土砂流出も増加して不可逆な侵食が進み，浜幅が減少することが考えられる[83]。一方，現状では海浜背後に護岸などの既設構造物がある。海面上昇により浜幅が狭くなり，ひとたび高波による海岸侵食が生じて構造物前面の土砂が削られると，構造物の倒壊が懸念される状態になり，新たな対策が必要になる。このように，海面上昇による海岸への影響は大きい。

**復習問題**

1. 人為による海岸侵食の7つの要因のそれぞれについて，図を描いて説明しなさい。
2. 下図のように岬に挟まれたポケットビーチ端部に防波堤と突堤が建設予定である。岬を超える土砂流出はなく，漂砂源はないものと仮定して，建設後の地形変化を考察しなさい。

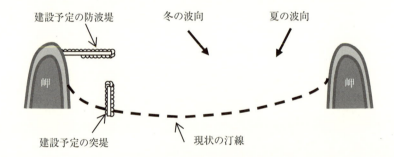

3. 下図のように岬に挟まれたポケットビーチ端部に離岸堤が建設予定である。岬を超える土砂流出はなく，漂砂源はないものと仮定して，建設後の地形変化を考察しなさい。

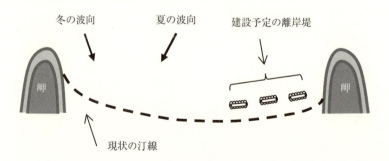

---

[83] Akio Kobayashi, Takaaki Uda, Yasuhito Noshi（2008）：Prediction of Outflow of Fine Sediment Associated with Sea-Level Rise, Proc. 21st Pacific Congress on Marine Science and Technology 2008, pp.124–136

4. 下図のような縦断面地形の自然海岸について，海面上昇により通常波浪が現状のバーム頂部を超える状態となった場合の地形変化を，海浜構成物質の粒径や波浪条件を変えて考察しなさい。

# 10 海岸保全施設

## Key words

海岸保全施設　堤防　護岸　胸壁　突堤　ヘッドランド　離岸堤　有脚式離岸堤
養浜　海岸保全基本計画　防護水準　高潮・高波の計画天端高　津波の計画天端高
海岸侵食対策の流れ　合意形成　実態調査　侵食対策　サンドバイパス
サンドリサイクル　礫養浜（粗粒材養浜）

## 10.1 海岸保全施設の種類と機能

　**海岸保全施設**とは，海岸法（第2条）により定められた海岸保全区域内にある堤防，突堤，護岸，胸壁，離岸堤，砂浜であり，施設の目的は，津波，高潮，波浪その他海水または地盤の変動による被害からの海岸の防護，海岸環境の整備と保全，および公衆の海岸の適正な利用の促進により，国土を保全することである。

　**堤防**は，図-10.1(a) のように海岸に沿って土砂を盛り，その表面をコンクリートやコンクリートブロックで被覆した構造物である。堤防の目的は，海岸の背後の人命・資産を高潮・津波および波浪から防護すること，陸域を侵食から防止することである。したがって，要求機能は，高潮や津波による海水の侵入防止，高波による越波流量の低減，海水による陸の侵食防止である。

　**護岸**は，図-10.1(b) のように海岸の縁辺部をコンクリートやコンクリートブロックで強固にする構造物であり，目的と機能は，突堤と同じである。とくに，図-10.1(c) のように表法面（海側の法面）の勾配が1:3より緩い形式の構造は，緩傾斜護岸と呼ばれる。

　海岸に漁港や港湾などの施設がある場合には，荷役作業に支障があるので堤防や護岸は建設できない。そのため，図-10.1(d) に示すように，これらの施設背後の陸上に設置するコンクリート製の壁体が**胸壁**である。胸壁の目的は，海岸の背後の人命・資産を高潮・津波および波浪から防護することであり，要求機能は，高潮や津波による海水の侵入防止，高波による越波流量の低減である。

　**突堤**は，図-10.2(a) のように海岸から突き出した形状の構造物であり，コンクリートケーソンや石積み構造が用いられ，通常は，櫛のように一定の間隔で数基が連続して建設される。また，図-10.2(b) のように突堤がT型に似た形状の構造物を，ヘッドランド工法という。突堤の目的は，海岸侵食の防止，軽減，海浜の安定であり，その機能は，漂砂を制御して汀線を維持，あるいは回復させることである。

　**離岸堤**は，海岸の沖合に汀線とほぼ平行に建設される構造物であり，海底面が比較的緩やかな場合には図-10.2(c) のような消波ブロック積みが採用され，急勾配の場合には図-10.2(d) のような

(a) 堤防

(b) 護岸

(c) 緩傾斜護岸

(d) 胸壁

図-10.1 海岸保全施設 (1)

有脚式の構造形式が採用されることが多い．離岸堤の目的は，高波からの人命・資産の防護，あるいは海岸侵食の防止，軽減，海浜の安定である．したがって，要求機能は，沖合で高波を消波させることによる越波の減少，あるいは漂砂の制御，汀線維持，回復である．離岸堤は海面から上に構造物が露出するために景観を阻害するという課題がある．そこで，これを没水させて離岸堤と同様な目的と機能を持たせた構造物が潜堤や人工リーフである．海底面の広い範囲に人工的に石材やコンクリートブロックを積んで浅瀬をつくり，その上部での砕波の促により，その背後の海域の静穏化を図る構造物である．

自然の砂浜は，高い消波機能を有しており，さらに生物の生息環境にかかわる重要な機能も併せ持つ．また，人々のレクリエーション・スポーツや漁業などの生産活動の場も提供している．したがって，海岸の防護，環境，利用のすべての機能を有している．しかし，海岸侵食による砂浜幅の減少などにより，これらの機能を満たさない場合がある．そのために行われるのが**養浜**である．養浜は，**図-10.3(a)** に示すように，海岸に人工的に土砂を供給して海浜を造成することであり，その材料には陸域あるいは海域の土砂が用いられる．

この他にも，津波からの防護施設には，沖合に建設される津波防波堤，河川からの流入を防止する防潮水門があり，崖侵食や砂浜の侵食の防止施設には，崖基部や汀線付近に消波ブロックを設置

(a) 突堤　　　　　　　　　　　　(b) ヘッドランド工法

(c) 離岸堤　　　　　　　　　　　　(d) 有脚式離岸堤の例

図-10.2　海岸保全施設 (2)

(a) 養浜の施工　　　　　　　　　　(b) 消波堤

図-10.3　海岸保全施設 (3)

する消波堤（**図-10.3(b)**）がある。

　海岸保全施設は，目的・機能によって次のように分類することができる。ただし，それぞれの施設の単独利用よりは，それぞれの長所を生かした複合利用が効果的であり，たとえば，ヘッドラン

ド工法と養浜の組合わせは良く用いられる。また，これらの施設の設置に際しては，環境を改変することになる場合が多いので，水質，生態系，底質などの環境への影響の低減とともに，安全で快適な利用環境にも配慮することが重要である。

① **高潮・高波からの防護**：堤防，護岸，離岸堤，人工リーフ，消波堤
② **津波からの防護**：堤防（防潮堤），護岸，津波防波堤，防潮水門
③ **侵食対策**：養浜，突堤，ヘッドランド，離岸堤，護岸，消波堤

## 10.2 海岸保全施設の防護水準

海岸保全基本計画における海岸保全施設の防護の目標を，文献[84]を参考にして整理すると表-10.1のようになる。

表-10.1 海岸保全施設の防護目標とする事象

| 対象 | 事象 |
| --- | --- |
| 高波 | 再現期間50年の波浪 |
| 高潮 | 既往最大の高潮位（大潮時の最高潮位を平均した海水位に天文潮と海水位の差の既往最大値を付した潮位面） |
| 津波 | 数十年から百数十年に1度程度の頻度で到達すると想定されるレベル1の津波（レベル2の津波に対しては，住民避難を主軸とした総合的防災対策を構築する） |
| 侵食 | 現状の海岸線の保全 |

防護を検討する海岸において，この表中の高潮，高波，津波の事象のなかでの最も高い海面の高さが，海岸保全施設の天端高[85]になる。高潮・高波から防護するための天端高は，朔望平均満潮位のときに高潮と高波が同時には発生しないことを想定して，図-10.4に示した方法で決定される。

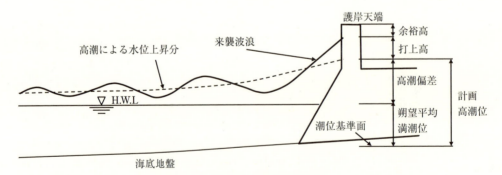

高潮・高波に対する計画天端高＝朔望平均満潮位＋高潮偏差＋打上高＋余裕高
**図-10.4 高潮・高波に対する計画天端高**

一方，津波から防護するための天端高は，朔望平均満潮位のとき津波が発生することを想定して，図-10.5に示した方法で決定される。

---

84) 千葉県（2013）：千葉県東沿岸海岸保全基本計画（計画編），p.2-5〜2-9
85) 千葉県（2013）：千葉県東沿岸海岸保全基本計画（計画編），p.2-10
86) 農林水産省・国土交通省（2011）：設計津波の水位の設定方法等について

## 10.3 海岸侵食の対策

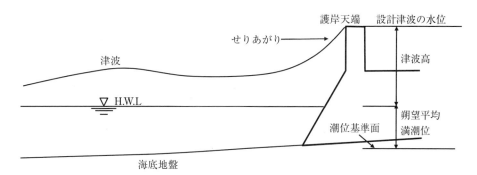

図-10.5　津波に対する計画天端高

ここで，図-10.5に描いた設計津波の水位の算定方法[86]の概略を次に示す。

① 海岸地形などの自然条件から同一の津波を設定しうると想定される一連のまとまりのある海岸線の区分を地域海岸として設定する。
② 過去の津波高さを整理，あるいはシミュレーションにより津波高さを求め，レベル1に相当する対象津波群を選定する。
③ 地域海岸に対する対象津波群の津波高さをシミュレーションで求め，設計津波の水位を設定する。

表-10.2　海岸保全施設の天端高[87],[88]（T.P.：m）

| 地域海岸（千葉県抜粋） | 対象地震 | 設計津波の水位 | 高潮・高波の水位 | 天端高 |
|---|---|---|---|---|
| 外川漁港 | 元禄関東 | 6.4 | 5.0 | 6.4 |
| 飯岡漁港～片貝漁港北側 | 東北地方太平洋沖 | 6.0 | 4.0～4.5 | 6.0 |
| 千倉漁港～館山市洲崎 | 元禄関東 | 4.5 | 5.0～6.6 | 5.0～6.6 |
| 館山市洲崎～大貫 | 大正関東 | 4.1 | 3.9～4.0 | 4.1 |
| 富津岬～富津市 | 元禄関東 | 2.6 | 3.4～4.5 | 3.4～4.5 |
| 袖ヶ浦市～浦安市 | 元禄関東 | 3.1 | 3.4～7.1 | 3.4～7.1 |

以上のように定めた高潮・高波と津波の水位から海岸保全施設の天端高を求めた例を表-10.2に示す。表中のように，施設の天端高を決める対象が，津波と高潮・高波のどちらになるかは，地域海岸によって異なる。また，東京湾の東京都沿岸は，湾奥に位置するために高潮の影響を強く受けるので，施設の天端高は高潮・高波できまる[89]。

## 10.3　海岸侵食の対策

### 10.3.1　侵食対策の流れ

海浜に侵食が生じると，カメや魚介の生息に必要な自然環境に影響を及ぼし，海水浴やサーフィ

---
87) 千葉県（2013）：千葉県東沿岸海岸保全基本計画，p.2-11
88) 千葉県（2013）：東京湾沿岸海岸保全基本計画（千葉県区間），p.1-115
89) 東京都（2017）：東京湾沿岸海岸保全基本計画（東京都区間），p.1-55

ンなどのレジャーとしての利用が不適合になり，波浪に対する防護機能が失われることになる。したがって海岸保全のための対策が施されることになる。対策の立案において最も重要であることは，原因の究明のための調査，対策を選択するための正しい予測，利用者や関係者を交えた合意形成である[90),91),92)]。

侵食対策には，砂の移動抑制や集積・堆積を目的とした構造物の建設，移動した砂を補う養浜がある[93)]。対策立案で重要な留意点は事後の予測である。構造物建設の場合には，海浜の侵食域を守るつもりで建設した構造物が他の海浜の侵食を助長する可能性がある。また，養浜を行う場合に，侵食で消失した砂と同じ粒径の砂を用いれば，養浜砂はすぐに移動して元の侵食された海浜に戻るので，さらに養浜が必要になる。このように投入する養浜砂によっては海浜が安定しないことがあり，継続的な経費が必要になる。また，侵食要因が複雑であり容易に解消されない場合には，複数の対策を組み合わせて，最善の方法を選ぶことになる。

対策の立案の第一歩は侵食要因の特定であり，空中写真や衛星写真による時系列の考察により，海浜の汀線と土砂収支の変化が明確になり，要因が前述の7つの要因の中のいくつかに絞り込まれる。さらに現地調査では，砂浜の構成材料，地形測量を行う。これらは現状把握と数値シミュレーションに対する重要なデータの収集になる。さらに空中写真では判読できない詳細な現状の把握や利用者へのヒヤリングを行う。とくにヒヤリングは，具体的な対策方法の選定に対する海浜の利用者の思いや利用形態を知るうえで重要である。

次に，数値シミュレーションの準備として現況再現計算を行い，その海浜の現象を的確に再現できる計算モデルを選定する。この過程で侵食要因が絞り込まれ，いくつかの対策の立案が可能になり，対策案ごとの数値シミュレーションにより効果を判別して対策案を練り，利用者や関係者への説明を繰り返して行い，最善の対策案を選定する。

最後に，実施後のモニタリング計画を立案する。対策の実施期間が数年に及ぶこともあり，高波などの自然現象により予想と異なる事態が生じることも有り得る。また，対策終了後に予想通りの効果が発揮されているかを確認する必要がある。もし，予想外のことがあればただちに対策を修正することも重要である。そのために，継続的なモニタリング項目と実施時期の設定が必要になる。

### 10.3.2 海岸の実態調査

海岸の**実態調査**の方法は，現地で行う調査と収集した情報に基づく分析に分けられる。この2つの方法の順序や回数は対象箇所の状況によって異なるが，たとえば次のように行われる。

侵食された海浜の写真による概況把握とともに，空中写真や地図を用いた周辺の岬や構造物や海浜の土地利用などの地理的な現況を把握する。次に，全国港湾海洋波浪情報網（NOWPHAS）や気象庁の観測記録を参照して，波浪や風の自然条件に関する情報を把握する。波浪は波高や周期の

---

90) 宇多高明・野志保仁（2014）：実海岸の侵食調査での衛星画像とGPSを用いた現地踏査の有効性，第24回海洋工学シンポジウム，日本海洋工学会・日本船舶海洋工学会，CD–ROM，論文No.OES24–045
91) 芹沢真澄・宇多高明・宮原志保（2014）：海岸実務者のための海浜変形予測モデル，第24回海洋工学シンポジウム，日本海洋工学会・日本船舶海洋工学会，CD–ROM，論文No.OES24–001
92) 星上幸良・宇多高明（2014）：侵食対策立案プロセス上の課題とその解決策，第24回海洋工学シンポジウム，日本海洋工学会・日本船舶海洋工学会，CD–ROM，論文No.OES24–003
93) 土木学会海岸工学委員会海岸施設設計便覧小委員会編（2000）：海岸施設設計便覧，pp.193–240.

ほかに波向の季節変動にも留意すべきである。これらに基づいて現地調査の方針と内容を決定するが，事前の情報が不十分な場合には，初動の現地踏査を行い，その結果を合わせて調査方針と内容を決定する。

現地調査には，地図や空中写真，野帳と筆記用具，カメラ，ビデオカメラ，底質採取用のシャベルとビニール袋，測量用のポール，巻尺，GPSやGNSS受信機，GNSS測量器具，レベル測量器具，検土杖などを現場の状況や調査内容に応じて準備する。調査時に地図や空中写真に気が付いたことを逐次記入していくと後のデータ整理や報告資料の作成のときに役立つ。たとえば，ホワイトボードに主要な調査結果や特徴を書き込んで現地写真とともに撮影しておくと後の整理に有効である。また，ポールは図-10.6に示すように写真撮影時には対象の大きさの指標となり，図-10.7のように巻尺と合わせて使うことにより正確な勾配も計測できるので必携である。また，底質が砂泥である場合の層序の把握には検土杖が便利である。

現地調査の内容は，侵食状況の把握，地形測量と底質採取である。現地調査では侵食箇所のみに気を取られることなく，なぜ侵食が生じたかを見極めるために海浜全体を調査する。海浜の地形については，汀線やバームの位置をGNSS受信機や，GNSS測量器具を用いて海浜の縦断方向および沿岸方向に計測する。

図-10.6　ポールを使用した写真撮影

(a)　二人で計測する方法

(b)　一人で計測する方法
図-10.7　ポールを用いた勾配の測定

また，底質の粒径分布が空間的に明らかに異なる場合には，その境界を沿岸方向の測線として追加する。海浜の縦断地形を調べる測線は海浜の特徴に応じて設定するが，堆積域と侵食域，汀線の方向の変化点間の代表地点などを測線に選定するとよい。現地調査は，海浜の季節変動や大きな擾乱の後の変化を調べるために，繰り返して行われることがある。したがって，その調査方法，調査位置，測線などは，毎回同様に実施する必要があるので，これらは正確に記録して次の調査に備えな

ければならない。

　地形測量の他に，現地の状況を記録する方法として，写真やビデオが効果的である。これらの撮影画像により，海浜の砂礫や貝などの構成物質の色や大きさ，あるいは，侵食断面の特徴の記録ができる。例えば，侵食断面で露出している土砂が自然の堆積土砂かあるいは盛土や養浜の土砂かは，土砂の層状や混入物によって判別できるし，護岸などの構造物表面の日焼けによる色の違いで侵食状況が判別できるので，その状況を写真で記録することは有効である。また，写真撮影の場合も地形測量と同様の理由で，撮影する位置，方向などを記録して毎回の調査で同一にすることが肝要である。

　これらの現地調査とともに，漂砂環境を考察する上で近接する海浜の自然状況や利用状況の調査が必要になることもある。侵食は広域的な理由によって生じていることがあるからである。

### 10.3.3　侵食対策の方法

　侵食対策の方法には，海岸構造物の建設による方法と土砂管理による方法，これらを組み合わせた方法がある。海岸構造物の建設は，侵食域への波浪作用の軽減や海浜の土砂の流出防止を目的に実施される。代表的な構造物には，離岸堤，人工リーフ，突堤，ヘッドランド工法がある。

　離岸堤や人工リーフは図-10.8 と図-10.9 に示すような構造物であり，背後の砂浜への波浪作用を軽減し，土砂移動を制御する構造物である。この効果は明確に表れるが，その一方で，同一の海浜に二次的な侵食傾向の部分を形成する。また，波向の季節変動を伴う土砂移動を阻止することにもなりかねない。これらのことは，侵食要因で示したとおりであり，実施には妥当性の検討が必要である。

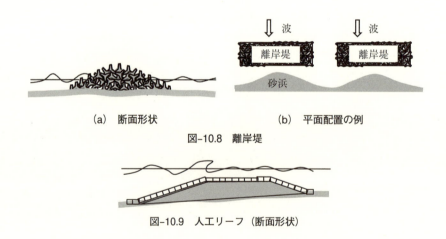

(a) 断面形状　　　　　(b) 平面配置の例

図-10.8　離岸堤

図-10.9　人工リーフ（断面形状）

　突堤やヘッドランド工法は図-10.10 と図-10.11 に示すように，構造物によって区分した区域内の砂の移動を制御する構造物である。この効果もまた明確であるが，土砂の移動限界水深よりも構造物の海側の先端水深が浅い場合には，土砂が区域外に流出する。また，ヘッドランドの場合には，区間中央部で汀線が後退する傾向がある。このようなことから，設計に際して先端水深の妥当性や区間中央部での汀線後退量の検討が必要である。

　土砂管理は，河川上流からの流砂環境と広域的な一連の海岸での漂砂環境に考慮した総合的な土

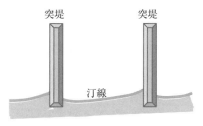
図-10.10 突堤（平面配置）

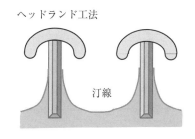
図-10.11 ヘッドランド工法（平面配置）

砂管理と，侵食域に土砂を投入する局所的な土砂管理がある．総合的な土砂管理には，安倍川流域から静岡・清水海岸で構成される流砂系などで計画・実施されている．局所的な土砂管理には，山砂などの土砂を運搬して侵食域に投入する養浜や，図-10.12 に示すような侵食域から堆積域に移動した土砂を侵食域に戻す**サンドバイパス**やサンドリサイクルと呼ばれる工法があり，広く実施されている．

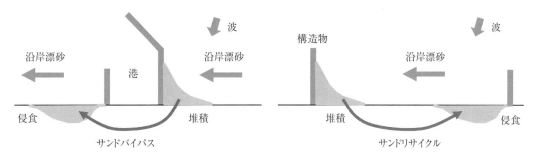
図-10.12 サンドリサイクルとサンドバイパスの概念

また，養浜においては，侵食され難い，すなわち波浪作用で移動し難い粗粒の土砂を投入して海浜を安定させることが可能であり，この方法を**粗粒材養浜**，また，礫を用いる場合は**礫養浜**という．

海岸構造物と土砂管理の組合わせは，構造物による侵食や土砂の固定化あるいは流出対策を土砂管理で補うという点において有効である．たとえば，離岸堤背後の堆積土砂を侵食域に戻すという

(a) 礫養浜前の侵食海岸

(b) 礫養浜後に形成された礫浜海岸

図-10.13 礫養浜の事例（茨城県明石海岸）

ようなことであり，これらは定常的な繰り返しが必要であるが効果は明確である。また，人工ヘッドランドが建設されていたが区間内の土砂の流出が進行した海岸に対して，粗粒材や礫を投入して海浜形状を安定化する方法もある。この方法には，礫上への砂の堆積によって砂浜が回復した例がある[94]。

### 10.3.4　侵食対策の選択と検証

　侵食対策の選定に先立って重要なのは，対象海岸をどのような状態にするかを決めることである。これには，技術者のみで決めるのではなく，住民や利用者からの意見を聴取し，皆が対策の必要性を理解してそれに合致する目的を議論によって設定することが肝要である。その後に共通認識に立脚した目的に相応しい対策を講じることになる。

　多くの場合，侵食要因は一つではなく複合しており，その侵食対策も一つとは限らない。いくつかの効果的な対策と実施後の状況を見極めておき，その中から最良と考えられる対策を選択するべきである。対策の効果や実施後の状況を知るためには，現状において考えられるいくつかの構造物の形式や配置と土砂管理の方法を設定して，現地調査結果や収集した情報と合わせて数値シミュレーションを行う必要がある。海浜変形予測のシミュレーション方法には，8 章 8.4 で述べた等深線変化モデルやバグノルド（Bagnold）概念に基づく海浜変形予測モデルが有効である。

　これらの予測結果を基に，住民や利用者と技術者が共に対策の良否を議論して，利害得失を明確にした後に皆が納得する方法を選定する。ここで重要なことは，技術者は中立であり，皆の意見に対して信頼性の高いデータの提示や客観的な意見と判断を示すことである。

　以上のようにして決定された対策の実施に際しては，実施計画に事後調査の期間と方法を明示しておき，実施後に定期的なモニタリングを行い効果の検証を行い，不具合があれば原因を把握し，さらにその対策を検討する必要がある。海岸には荒天によって予想とは異なった現象が生じることがあるが，それが自然に回復するか否か，すなわち可逆か不可逆かについても数値シミュレーションによって予測し，対策の要否を判断して無用な対策を避けるように努めるべきである。

### 復習問題

1.　海岸保全施設には，本文に述べた他に飛砂・飛沫に対する施設もある。文献 95）を参考にして飛砂・飛沫対策施設の機能と種類を示しなさい。
2.　高潮・高波に対する計画天端高の算定方法を示しなさい。
3.　津波に対する計画天端高の算定方法を示しなさい。
4.　文献 96）を参考にして合意形成の流れを示しなさい。
5.　養浜の設計方法を文献 97）を参考にして学習しなさい。

---

94)　小林昭男・草木大地・宇多高明・野志保仁（2014）：神向寺・明石海岸での礫層上への砂の堆積機能の観察，土木学会論文集 B3（海洋開発），Vol.70，No.2，pp.I_690–I_695
95)　土木学会（2007）：海岸施設設計便覧，pp.373–376.
96)　星上幸良・宇多高明（2014）：侵食対策立案プロセス上の課題とその解決策，第 24 回海洋工学シンポジウム，日本海洋工学会・日本船舶海洋工学会，CD–ROM，論文 No.OES24–003.
97)　宇多高明・石川仁憲（2005）：実務者のための養浜マニュアル，土木研究センター

# 索　　引

## 【あ行】

後浜　　75，76，78

移動限界水深　　77，81，82

浮消波堤　　56
うねり　　29，31，36
海砂採取に伴う海岸侵食　　91，93

越波　　53，55
越波伝達波　　55
越波流量　　55
エネルギー平衡方程式　　50
沿岸域　　1
沿岸域総合管理　　1
沿岸漂砂　　78，79，80，81，84
沿岸漂砂作用下における汀線や等深線の安定化機構　　80
沿岸漂砂量　　79，80

大潮　　19
沖の洲島（バリアー）　　80
沖浜　　75，76，
小笹・Brampton の式　　79

## 【か行】

海岸侵食　　87，88，90，91，93，94
海岸侵食対策の流れ　　101
海岸線　　1，3，4
海岸の縦断面地形　　75，77，78
海岸の範囲　　2，3
海岸法　　2，3，7
海岸保全基本計画　　2，100
海岸保全基本方針　　2
海岸保全施設　　2，3，4，97，99，100，101
海食崖　　66，67
回折　　43，45，46，47，50
回折係数　　45，46
確率波高　　40
環境倫理の３つの主張　　1
緩勾配方程式　　50
換算沖波　　47
慣性力　　59，60

慣性力係数　　59
岩石海岸　　70
干潮　　19

気候変動に関する政府間パネル（IPCC）　　5
気候変動による海岸地形変化　　94
岸沖漂砂　　78，79，80
岸沖漂砂作用下における汀線や等深線の安定化機構　　80
気象潮　　22
基線　　4
規則波　　9，10
起潮力　　19
供給土砂量の減少に伴う海岸侵食　　91，93
胸壁　　97
極大値の確率分布関数　　38
極値統計解析　　38
巨礫海岸　　70

クーリガン・カーペンター数　　59
崩れ波砕波　　50
砕け寄せ波砕波　　50
屈折　　43，44，46，47，50
屈折係数　　44，45
グリーンの法則　　25
群速度　　11

元禄関東地震　　68

合意形成　　102
構造物の耐用年数　　37
合田式　　58
抗力　　59，60，62
抗力係数　　59
護岸　　97，100，104
護岸の過剰な前出しに起因する前浜の喪失　　90，92
小潮　　19

## 【さ行】

再現期間　　38，39
最小吹送距離　　30，31
最小吹送時間　　30
最低水面（略最低低潮面）　　21
砕波　　43，46，48，49，50

107

索　引

砕波帯相似パラメータ　49
砂嘴　80, 84
砂州　80
サンゴ砂海岸　70
3次元海浜変形モデル　83, 84
3次元数値波動水槽（CADMAS-SURF）　51
3次元静的海浜安定形状の簡易予測モデル　83, 84
サンドバイパス　105
サンドリサイクル　105

シートフロー（sheet flow）　75, 76
シールズ数　75
日月合成日周潮（$K_1$）　21
実態調査　102
地盤沈下による海岸地形変化　87, 89, 94
周期と平均周期の確率密度関数　33
主太陰日周潮（$O_1$）　21
主太陰半日周潮（$M_2$）　21
主太陽半日周潮（$S_2$）　21
主要4分潮　21, 27
深海波　12, 14, 15
侵食対策　100, 101, 102, 104, 106

水面の固有周期　26
数値波動解析法　50
砂浜海岸　70
スネルの法則　43

静水圧　57
ゼロアップクロス法　32, 34
尖角岬　80, 81, 84
浅水係数　48, 49
浅水変形　43, 46, 47, 49, 50

遭遇確率　37, 38
掃流状態（bedload）　75
速度ポテンシャル　10, 13
遡上帯　4
外浜　75, 76

【た行】

大正関東地震　68
高潮　22, 23
高潮・高波の計画天端高　100
卓越沿岸漂砂阻止に起因する侵食　90, 91
段波　25

中間波　15
潮下帯　4, 5
潮間帯　4, 5
潮汐　19, 20, 21, 22
潮汐バルジ　19, 20,
長波　12, 13, 15

沈降（沈水）海岸　65
津波　23, 24, 25, 26, 28
津波の計画天端高　101

汀線変化モデル　83, 84
堤防　97, 100
天文潮　19, 21, 22

透過率　56
等深線変化モデル　83, 84
土質工学分野の粒度区分　69
土砂収支　78, 81, 82
土砂の移動高　77
突堤　97, 100, 104
トラフ　78
泥浜海岸　70, 71

【な行】

波による地形変化の限界水深　77
波の打上　53, 55
波のエネルギー　11
波のエネルギースペクトル密度　35
波のエネルギーの方向集中度を表すパラメータ　36
波のエネルギーの累加曲線　46
波の砕波帯　75, 76
波の遮蔽域形成に伴って周辺海岸で起こる侵食　90, 91
波の遡上帯　76
波の反射　55
波の分散関係式　10
波向線法　50

日潮不等　19, 20
日本の海岸線の長さ　1

【は行】

バー　78, 84
バー型海岸（暴風海岸）　78
バーム　76, 78, 85
バーム型海岸（正常海岸）　78
バーム高　77, 83
バグノルド（Bagnold）概念に基づく海浜変形予測モデル　83, 84
波高と平均波高の比の確率密度関数　33
ハザードマップ　26
波蝕台　65, 66, 67
波数　10
波速　11
波長　9, 10, 12, 13, 14, 16
ハドソンの式　62
波力　57, 58, 59, 60, 61, 62
波浪　29, 30, 32, 35, 37

波浪のスペクトルの標準形　37
反射率　53, 55, 56

微小振幅波理論　9, 10
非線形長波方程式　51
非定常緩勾配不規則波動方程式　50
非定常緩勾配方程式　50
漂砂　73, 75, 76, 78, 79, 84
漂砂源　73, 74

$\phi$ スケール　69
V 型海岸　66
フィヨルド　66
風波　29, 36
風波の発達条件　29
副振動　26, 27
ブシネスク方程式　51
浮遊状態（suspended load）　75
分散性　31
分裂　25

平均波, 有義波, 最大波の関係　34
平衡勾配　77, 80, 83
平衡断面　76
ヘッドランド　97, 99, 100, 104, 106
ヘルムホルツの方程式　50

保安林の過剰な前進に伴う海浜地の喪失　90, 92
方向関数　36
方向分散法　45, 46
防護水準　100
防波堤　55, 56, 57, 58, 59, 62
放物型波動方程式　50
ポケットビーチ内の安定汀線の予測モデル（Hsu・Evans の
　モデルと改良モデル）　83
ポケットビーチの汀線の季節変動　80

## 【ま行】

前浜　75, 76, 78, 79
前浜勾配　76
巻き波砕波　50
マッカーミー・フックスの式　61
満潮　19,

水粒子の軌道　11, 14
水粒子の速度　10
未超過確率　33, 38, 39

モリソン式　59, 63

## 【や, ら行】

U 型海岸　66
有義波法（SMB 法）　30
有脚式離岸堤　99

養浜　98, 100, 102, 104, 105

リアス海岸　66
離岸堤　97, 98, 100, 104, 106
離岸堤建設に起因する周辺海岸の侵食　90, 91
隆起（離水）海岸　66

レイノルズ数　59
レーリー分布　33
礫浜海岸　70, 71
礫養浜（粗粒材養浜）　105
レベル 1 津波　26
レベル 2 津波　26

## 【英数字】

3D.SHORE モデル　83
3 次元海浜変形モデル　83, 84
3 次元数値波動水槽（CADMAS-SURF）　51
3 次元静的海浜安定形状の簡易予測モデル　83, 84

CERC 公式　79

Saville の方法を改良した仮想改良勾配法　53

U 型海岸　66

V 型海岸　66

Wilson の波浪推算式　30

$\phi$ スケール　69

**著者略歴**

## 小林　昭男 (こばやしあきお)

日本大学 理工学部 海洋建築工学科

1955 年生まれ。1985 年本学理工学研究科博士課程を修了。工学博士 (海洋建築工学専攻)。同年大成建設に入社し，海洋・港湾構造物の設計および関連分野の研究に従事。1999 年から日本大学理工学部海洋建築工学科に勤務。2006 年に教授。2017 年 9 月 1 日から日本大学短期大学部次長を兼務。技術者資格は一級建築士と技術士 (建設部門) を保有。建築と土木の専門知識を駆使して，海洋建築に相応しい沿岸環境の創造を基底にした教育・研究を実施。

主な著書

「海洋空間を拓く メガフロートから海上都市へ」：共著，成山堂書店，2017/03/28

「沿岸域総合管理入門」：共著，東海大学出版会，2016/03/31

「東日本大震災合同調査報告書 建築編 5 建築基礎構造 / 津波の特性と被害」：共著，丸善出版，2015/03/01

「海洋建築の計画・設計指針」：共著，丸善出版，2015/02/10

「ここが知りたい建築の？と！」：共著，技報堂出版，2006/09/05

「海と海洋建築 第 9 章，第 10 章，第 11 章」：共著，成山堂書店，2006/04/28

---

**沿岸域工学の基礎**　　　　　　　　　　　　定価はカバーに表示してあります。

2019 年 1 月 25 日 1 版 1 刷発行　　　　　ISBN 978-4-7655-1862-8 C3051

著　者　小　林　　昭　男

発 行 者　長　　　滋　彦

発 行 所　技 報 堂 出 版 株 式 会 社

〒101-0051　東京都千代田区神田神保町 1-2-5
電　話　営　業　(03) (5217) 0885
　　　　編　集　(03) (5217) 0881
　　　　Ｆ Ａ Ｘ　(03) (5217) 0886
振 替 口 座　00140-4-10
Ｕ Ｒ Ｌ　http://gihodobooks.jp/

日本書籍出版協会会員
自然科学書協会会員
土木・建築書協会会員
Printed in Japan

© Akio Kobayashi, 2019
落丁・乱丁はお取り替えいたします。

**JCOPY** ＜(社)出版者著作権管理機構 委託出版物＞

本書の無断複写は著作権法上での例外を除き禁じられています。複写される場合は，そのつど事前に，(社)出版者著作権管理機構 (電話：03-3513-6969，FAX：03-3513-6979，E-mail：info@jcopy.or.jp) の許諾を得てください。